알면 더 맛있는, 향신료 사전

SPICE

알면 더 맛있는, 향신료 사전

실업지일본사 글
정세영 옮김

BOOKERS

CONTENTS

INTRODUCTION 향신료의 기초 지식 8

CHAPTER 1 향신료 도감 14

CHAPTER 2 세계의 혼합 향신료 92

INTRODUCTION

향신료의 기초 지식

향신료란 무엇일까?

향신료는 왜 사용할까?

향신료(spice)란 식물에서 채취한, 향이 나는 뿌리나 나무줄기, 꽃봉오리, 씨앗, 열매, 잎, 잎줄기 등을 그대로 또는 말린 후 가루를 내어 사용하는 조미료의 일종으로, 음식의 향이나 매운맛, 색을 내는 데 사용하는 것을 통틀어 일컫는다. 향신료를 요리에 추가하면 맛이나 향, 색에 변화가 생겨서 요리가 한층 먹음직스러워지고 식욕을 돋워준다. 또 생선이나 고기, 내장 등을 요리할 때 사용하면 냄새를 제거하는 것과 동시에 변질을 방지하는 효과가 있다.

향신료와 허브는 어떻게 다를까?

향신료와 허브의 정의는 여러 가지가 있어서 엄밀히 구분하기는 힘들다. 차이점을 꼽는다면 향신료는 대부분 요리 등에 식용으로 쓰이지만 허브는 식용으로 적합하지 않은 종류가 있고 약용으로 쓰이기도 한다. 또 향신료는 나무와 풀에서 얻은 것을 모두 원료로 하지만 허브는 풀에서 얻은 것만을 원료로 한다.

향신료의 분류

기능에 따른 분류

향신료는 크게 향 내기, 매운맛 내기, 색 내기라는 세 가지 기능을 한다. 각 기능의 특징과 대표 향신료는 아래와 같다.

향 내기(냄새 제거)	매운맛 내기	색 내기
 ▲ 시나몬(p.26)	 ▲ 고추(p.24)	 ▲ 사프란(p.70)
 ▲ 팔각(p.74)	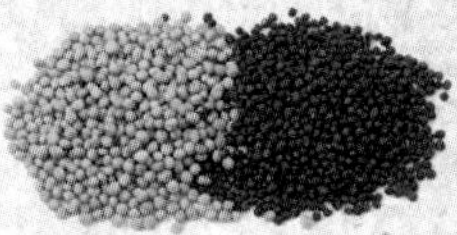 ▲ 머스터드(p.56)	 ▲ 강황(p.82)
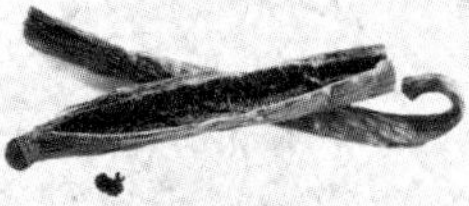 ▲ 바닐라(p.85)	 ▲ 고추냉이(p.88)	 ▲ 파프리카(p.64)
거의 모든 향신료가 가진 가장 중요한 효능. 외부의 자극으로 세포가 파괴되면서 향신료의 세포에 함유된 휘발성 향 성분이 발생한다.	고추처럼 혀가 얼얼해지는 종류부터 고추냉이처럼 코끝이 찡해지는 종류까지 다양한 매운맛이 있다. 소량만 써도 효과가 충분하므로 지나치게 많이 사용하지 않도록 주의한다.	카레에 노란색을 내는 강황을 비롯해 빨간색이나 주황색 등 선명한 색을 입혀 요리를 화려하고 먹음직스럽게 하는 효과가 있다.

형태에 따른 분류

건조(Dry)				생(Fresh)
통	굵은 가루	고운 가루	혼합	

씨앗이나 열매 등을 원형 그대로 말린 것. 향을 거의 잃지 않아서 오래 보관하기에 적합하다.	씨앗이나 열매를 말린 후 굵게 빻은 것. 향이 강해서 밑간할 때나 요리 도중에 사용하는 것이 좋다.	씨앗이나 열매를 말린 후 곱게 빻은 것. 향이 적당해서 요리를 마무리할 때나 먹기 직전에 쓰는 것이 좋다.	여러 향신료를 섞어 만든 것. 각 향신료 특유의 냄새와 맛은 누그러뜨리고 향은 더욱 끌어올리는 효과가 있다.	채취한 후 말리지 않은 생것. 고명이나 장식, 샐러드 재료로 사용한다.

향신료의 역사

고대부터 사용해온 향신료

인도에서는 기원전 3000년경부터 후추나 정향 같은 다양한 향신료를 사용했다. 또 고대 이집트에서는 향신료나 허브의 방부 효과와 탈취 효과 등을 활용해 미라를 만들었고, 중국에서는 기원전 2500년경 향신료를 넣어 지은 밥을 신에게 제물로 바쳤다. 이렇듯 향신료와 인류는 고대부터 떼려야 뗄 수 없는 관계였다.

향료길과 동서 교류의 시작

동양의 여러 국가에서는 오랜 옛날부터 시나몬(계피), 카다몬(소두구), 생강, 강황 등의 향신료가 활발히 거래되었다. 기원전 2세기에서 기원후 3세기경에는 대상(caravan)들이 낙타를 이용해 이스라엘 남부의 네게브 사막 곳곳에 흩어져 있던 도시들을 거쳐 유향(아라비아반도가 원산지인 나무의 나뭇진)과 몰약(미르라, 미르라 나무의 나뭇진), 동아시아의 향신료와 보석 등을 고대 그리스나 로마 등의 서방세계로 운반했다. '향료길'(Spice Road)이라고도 불리는 이 교역로는 아라비아반도 남단의 예멘에서 시작해 홍해 연안을 따라 북쪽에 위치한 사우디아라비아의 메카를 지나 이집트와 시리아로 이어져 있었다.

바다로는 기원전 북아프리카 교역의 중심지였던 악숨(Aksum) 왕국이 개척한 항로를 통해 인도에서 홍해를 거쳐 로마로 운반되었다. 그러나 7세기 중반 무렵 아랍권 국가가 이집트와 수에즈 지협*을 잇는 교역로를 차단하자 악숨 왕국과 인도는 유럽 무역권에서 멀어지게 되었다.

향신료의 독점

유럽에 식재료를 보존하는 기술이 없었던 당시, 방부 효과가 탁월한 향신료는 보석 못지않게 비싼 가격에 거래되었다. 그래서 무역상들은 너나 할 것 없이 그 권리를 독차지하려 했다.

중세에는 아랍 상인들이 인도양 항로를 지배하면서 인도네시아 말루쿠 제도를 비롯한 극동 지역의 향신료 원산지를 발굴했다. 그들은 생산지를 철저히 비밀에 부치고 생산지에 얽힌 무시무시한 소문을 퍼뜨렸기 때문에 향신료의 가치는 더더욱 높아졌다. 그러나 1453년 오스만 제국이 동로마 제국을 멸망시키고 지중해를 장악한 이후 이곳을 지나는 물품에 높은 관세를 부과하면서 아랍 상인이 주도하던 무역은 쇠퇴했다. 또 14세기에는 이탈리아의 해양도시국가인 베네치아 공화국이 유럽과 동양의 무역을 100년에 걸쳐 독점하면서 엄청난 번영을 누렸다.

▲ 비단길(Silk Road)을 지나가는 낙타

향신료 무역 경로와 비단길 경로

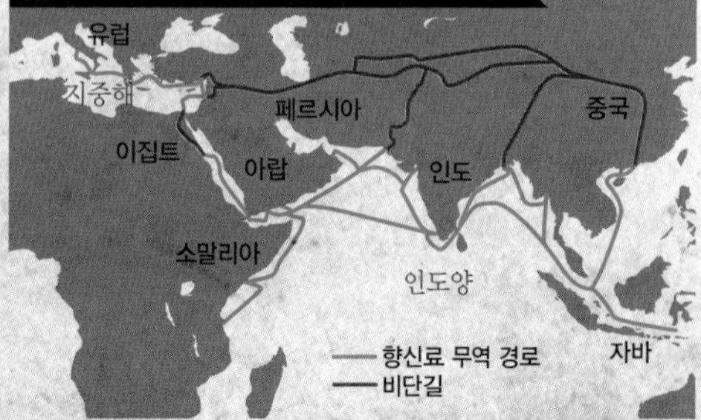

* 수에즈 지협: 지중해와 홍해 사이를 가르는 좁은 땅으로 아시아대륙과 아프리카대륙을 잇는다.

대항해 시대의 개막과 포르투갈의 대두

유럽의 여러 국가는 향신료 무역을 독점해 강력한 힘을 얻은 베네치아의 기세를 꺾고 오스만 제국의 높은 관세에서 벗어나기 위해 직접 인도에 이르는 신규 항로 개척에 나섰다. 대항해 시대가 막을 올린 것이다. 15세기 초반 이후 포르투갈은 항해 왕이라고 불리던 엔히크 왕자의 지휘 아래 아프리카 항해에 나섰다. 그리고 1497년, 탐험가 바스쿠 다가마(Vasco da Gama)가 아프리카대륙 최남단의 희망봉을 돌아 인도 남부 캘리컷에 도달해 향신료를 가지고 본국으로 돌아갔다. 또 그로부터 3년 후 탐험가 페드루 알바르스 카브랄(Pedro Álvares Cabral)이 브라질을 발견해 향신료를 가득 싣고 돌아갔다. 이처럼 포르투갈은 해양 제국으로 떠오르며 베네치아의 독점 무역을 무너트리고 그 지위를 차지했다.

유럽 국가들의 향신료 쟁탈전과 향신료 독점의 종결

포르투갈이 아프리카대륙을 순회하는 항로를 독점한 후 유럽 각국은 대체 항로를 찾기 위해 잇달아 탐험가를 내보냈다. 가장 빨리 항로를 발견한 사람은 스페인이 보낸 크리스토퍼 콜럼버스였다. 그는 서쪽으로 순회하는 항로를 통해 신대륙을 발견했는데, 원래는 인도를 비롯한 극동을 목표로 한 항해였지만 결과적으로 신대륙에서 신종 향신료와 과일 등 다양한 자원을 획득하게 되었다.

한편 네덜란드는 인도네시아의 순다 해협과 희망봉을 직접 잇는 항로를 개척해서 포르투갈이 지배하는 해역을 피했다. 1602년 인도네시아에 동인도회사를 설립한 네덜란드는 포르투갈이 지배하고 있던 향신료 생산지를 잇달아 점령하고 포르투갈을 몰아냈다.

그 무렵 해상 무역에 나선 영국은 말루쿠 제도에서 정향과 육두구(넛맥)를 밀수해 재배하는 데 성공했다. 이로써 향신료 생산지가 확대되었고 19세기에는 향신료를 독점한 국가도 사라졌다.

현대의 향신료

현재 세계에서 향신료를 가장 많이 생산하는 국가는 단연 인도다. 인도의 향신료 생산 점유율은 85%가 넘고 그 뒤를 중국, 방글라데시, 파키스탄이 잇는다. 또 세계에서 향신료를 가장 많이 수입하는 나라는 미국이며 독일, 일본, 프랑스가 뒤를 잇는다. 이처럼 향신료는 예전과 다름없이 전 세계에서 거래되고 있다.

▲ 다양한 향신료가 진열된 인도의 시장

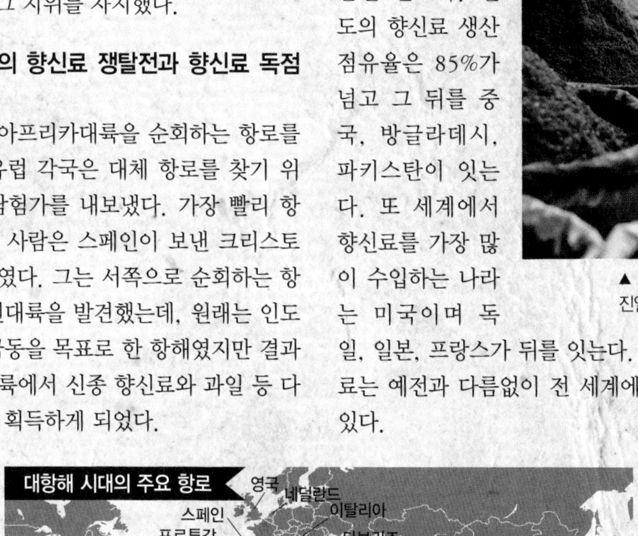

향신료의 효능과 주의할 점

식욕을 돋운다

향신료의 향은 맡기만 해도 식욕을 높여준다. 만약 식욕을 줄이고 싶다면 자극이 강한 향신료를 넉넉히 섭취하는 것이 좋다.

소화 흡수를 돕는다

침을 분비시켜 위장 운동을 촉진하고 소화 흡수를 도와주므로, 고기처럼 소화하기 힘든 식재료와 함께 먹으면 효과적이다.

신진대사를 높여 몸을 따뜻하게 한다

자율 신경을 활성화하여 저항력을 높여주며, 교감 신경계와 부교감 신경계의 균형을 맞춰 에너지 대사를 활발하게 하고 체온을 높인다.

노화를 예방한다

항산화 물질이 풍부해서 혈관의 노화나 성인병의 요인인 활성 산소를 억제한다. 또 땀의 분비와 소변 배출을 촉진하고 신진대사를 높여준다.

염분과 당분 섭취량을 줄여준다

향신료로 향을 강조하면 요리에 넣는 소금의 양을 줄일 수 있다. 달콤한 향이 나는 향신료를 사용하면 설탕의 양도 줄일 수 있다.

긴장을 가라앉힌다

중추 신경을 자극해 기분을 좋게 하고 긴장을 완화시키므로 불면증 등 스트레스로 인해 나타나는 증상들이 개선된다.

혈액 순환을 촉진한다

양파나 강황 등의 향신료는 혈액의 순환을 원활하게 하므로 꾸준히 섭취하면 혈액 순환을 개선하는 데 도움이 된다.

과다 섭취를 피하고 소량씩 사용한다

향신료 중에는 육두구처럼 과다하게 섭취하면 환각 등의 부작용이 나타나는 종류도 있다. 따라서 원칙적으로는 소량씩만 사용한다.

건강 상태에 맞춰 사용한다

향신료에 따라서는 섭취한 후에 몸에 이상이 생기거나, 약과 함께 먹었을 때 부작용이 나타나거나, 약의 효과가 줄어드는 등 위험성이 있을 수 있다. 따라서 임산부, 통원치료 중이거나 지병이 있는 환자, 알레르기 체질인 사람 등은 의사와 상의한 후에 섭취하는 편이 좋다.

※ 위에서 언급한 효과는 개인차가 있음

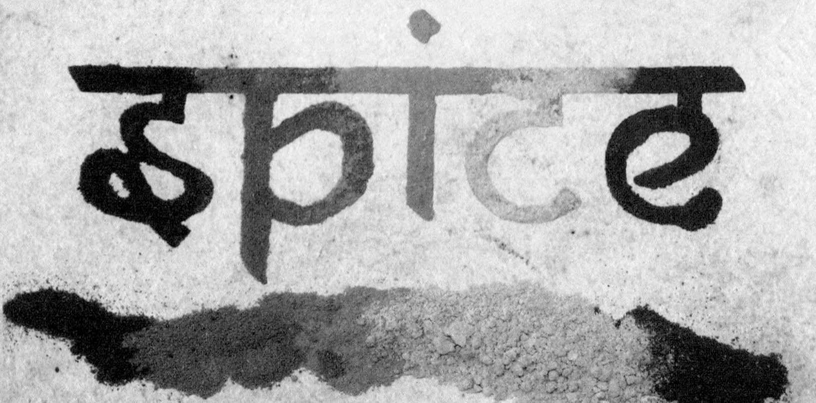

이 책을 읽는 방법

• 향신료 도감

• 세계의 혼합향신료

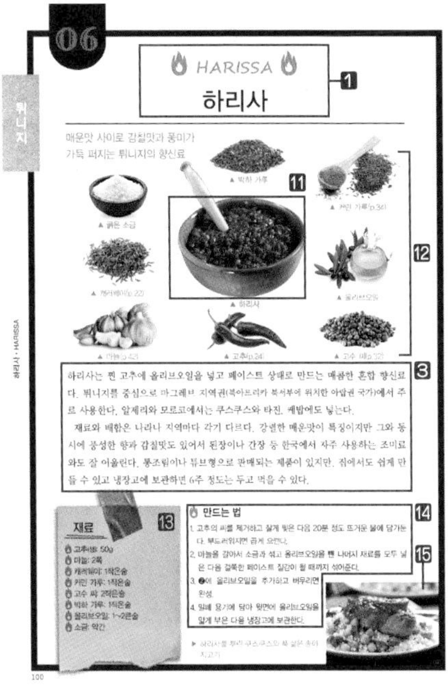

1 향신료 또는 혼합 향신료의 명칭
2 향신료 사진
3 향신료 또는 혼합 향신료의 역사와 기본 정보
4 향신료에 대한 자료. 위에서부터 학명, 과명, 기타 명칭, 원산지, 이용 부위, 용도, 효능
5 맛과 향 등, 향신료의 특징
6 향신료의 자세한 효능과 효과
7 향신료의 다른 사진(수확하기 전의 모습이나 다른 종류 등)
8 향신료를 쓰기에 적합한 요리와 향신료 사용법, 대표적인 요리 소개

 드레싱, 리큐어*
 고기 요리
 찜 요리
 과자, 디저트
 생식, 샐러드, 채소 요리
 생선 요리
 빵
 차, 음료

9 요리 이외의 이용 방법 소개
10 각 향신료에 관한 미니 칼럼
11 혼합 향신료의 사진(큰 사진이 있는 경우에 한함)
12 혼합 향신료에 사용하는 재료의 사진
13 혼합 향신료를 만드는 데 필요한 재료와 분량
14 혼합 향신료 만드는 법
15 혼합 향신료를 사용해서 만든 요리의 사진

---

* 리큐어(Liqueur) : 증류주에 과일이나 허브, 향신료를 섞어 만든 술

CHAPTER 1

향신료 도감

향신료를 적절하고 알맞게 사용하기 위해 먼저 각 향신료의 역사와 특징, 효과적인 사용법을 살펴보자!

기본 향신료 45종

AJWAIN

아지웨인

인도에서는 집집마다
꼭 갖춰두는 만능 향신료

▶ 말린 아지웨인 씨

아지웨인은 주로 인도에서 생산된다. 씨를 빻으면 타임과 비슷한 향이 나서 인도 요리, 특히 카레에 빠지지 않는 향신료로 알려져 있다. 또 아지웨인에 들어있는 티몰(Thymol)이라는 성분은 살균작용과 방부작용이 강해서 인도의 전통 의학인 아유르베다에서도 사용된다. 아지웨인을 하룻밤 담가둔 물은 소화불량이나 숙취에 효과가 있으며, 씨를 증류해서 만든 정유는 방부제나 치약으로도 쓰인다. 이처럼 용도가 다양한 탓에 인도에서는 집집마다 아지웨인을 상비해둔다고 한다.

DATA

- 학명: *Trachyspermum ammi*
- 과명: 미나릿과 / 일년초
- 기타 명칭: 야생 셀러리 씨(Wild Celery Seed), 아요완(Ajowan)
- 원산지: 인도, 북아프리카
- 이용 부위: 씨앗
- 용도: 요리, 약용 등
- 효능: 소화 촉진, 장내 환경 개선, 항균 작용, 부패 방지 등

특징

씨를 빻으면 타임과 비슷한 향이 퍼지지만 타임보다 매운맛과 쓴맛이 강하다. 인도에서는 식용뿐 아니라 약용으로도 사용한다.

어떤 요리에 사용할까?

적당히 혀를 자극하는 매운맛과 쓴맛은 인도 요리와 찰떡궁합을 이룬다. 난 등의 빵 반죽에 넣거나 드레싱에 소량 추가하면 맛이 더욱 정교해진다.

▶ 카레에 사용할 때는 다른 향신료와 섞어서 사용한다.

ANISEED
아니시드

고대 이집트 시대부터
전해져 내려오는
달콤하고 상쾌한 씨앗

▲ 아니스 꽃

◀ 아니시드. 요리에는 가루를 내서 사용한다

아니스는 기원전 4000년 무렵 고대 이집트에서 지위가 높은 왕족이나 귀족이 서거했을 때 시신의 부패를 방지하고 미라로 보존하기 위해 사용되었다. 세계에서 가장 오래된 향신료 중 하나이며, 중세에 유럽 각지로 전파되었다.

향신료로서는 주로 아니시드라고 불리는 씨앗(열매) 부분을 사용한다. 달콤한 향과 맛이 은은하게 감돌아서 케이크나 잼, 쿠키 등 단맛이 나는 음식에 많이 쓰이며, 쓴 약의 코팅제로도 사용된다. 소화를 촉진하는 효과가 있어서, 인도에서는 씨앗을 그대로 삼켜 소화제로 쓰고 식사 후에 입 냄새를 제거하는 용도로 사용하기도 한다. 달콤한 향이 나는 추출액과 정유는 포푸리나 향수 재료로도 인기가 높다.

DATA

- 학명: *Pimpinella anisum*
- 과명: 미나릿과 / 일년초
- 기타 명칭: 아니스, 아니스 씨
- 원산지: 지중해 동부 연안
- 이용 부위: 씨앗(열매)
- 용도: 요리, 차, 약용, 미용 등
- 효능: 소화 촉진, 소변 배출 촉진, 냄새 제거, 부패 방지, 가래 제거, 기침 완화 등

특징

아니스의 향미는 공기 중에 닿으면 쉽게 변화하고 빻자마자 사라지기 시작하므로 씨째로 보관하다가 사용할 만큼만 빻아 쓴다.

어떤 요리에 사용할까?

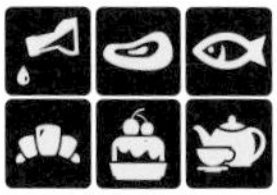

케이크나 쿠키, 리큐어를 만들 때 향을 내는 용도로 쓰인다.

▶ 네덜란드의 출산 축하 과자인 베스하위트 메트 마위시스(Beschuit met muisjes). 러스크*에 여자아이는 분홍색, 남자아이는 하늘색 설탕으로 코팅한 아니시드를 토핑으로 올린다.

* 러스크(Rusk): 빵이나 카스텔라 따위를 얇게 썰어서 버터나 설탕을 발라 오븐에 구워낸 과자

영유아나 임신·수유 중인 여성, 유방암 환자는 사용을 피한다.

ALLSPICE
올스파이스

3대 향신료의 향을
두루 갖춘 만능 향신료

▲ 올스파이스. 열매를 말려서 향신료로 사용한다.

주로 자메이카에서 생산되는 올스파이스는 콜럼버스가 신대륙에서 유럽으로 가지고 돌아간 향신료 중 하나다. '올스파이스'라는 이름은 3대 향신료인 정향, 육두구, 시나몬 향을 합쳐 놓은 듯하다고 해서 붙여졌다. 열매의 맛과 모양이 후추와 비슷해 스페인어로 후추를 뜻하는 '피미엔타'(Pimienta)에서 비롯된 학명과 '자메이카 후추'(Jamaica pepper)라는 별명을 가지고 있다.

1655년 영국이 자메이카를 점령한 이후 인공 재배를 통해 올스파이스 무역을 시작하면서 수출량이 19세기까지 약 20배나 증가했고 시장도 대단히 커졌다. 이 무역에서 톡톡히 재미를 본 영국은 다른 열대 식민지에도 올스파이스나무를 심었지만 번번이 재배에 실패하고 만다. 그래서 올스파이스는 지금까지도 아메리카 대륙에서만 재배되는 유일한 향신료다.

올스파이스 잎이나 씨앗을 증류해서 만든 정유는 알싸하면서도 부드러운 향이 감돌아 오일 마사지나 방향욕 등에 사용되고 다양한 약품의 착향료로 쓰이기도 한다.

DATA

- 학명: *Pimenta dioica*
- 과명: 도금양과 / 상록소관목
- 기타 명칭: 삼향자(三香子), 백미 후추(百味胡椒), 자메이카 후추(Jamaica pepper)
- 원산지: 자메이카, 멕시코, 서인도 제도
- 이용 부위: 열매
- 용도: 요리, 미용, 약용 등
- 효능: 체력 증진, 식욕 증진, 소화 촉진, 진정 작용, 부패 방지, 항균 작용 등

▲ 열매상태로도 사용할 수 있다.
오른쪽은 가루 낸 올스파이스.

특징

정향, 육두구, 시나몬을 합친 듯한 풍부한 향이 가장 큰 특징이다. 그래서 달콤한 과자류부터 매콤한 요리까지 폭넓게 활용할 수 있다.

효능 및 효과

올스파이스에 함유된 향 성분인 오이게놀(Eugenol)은 소화를 촉진하고 염증을 완화하는 효과가 있다. 방부와 항균 효과도 뛰어난 편. 정유는 신경통이나 식욕 부진에 효과가 있으며 올스파이스 향은 긴장을 완화하고 원기를 회복해준다.

어떤 요리에 사용할까?

【왼쪽】 옥수수에 우유, 설탕, 시나몬, 올스파이스를 넣고 졸인 에콰도르식 디저트 모로초(Morocho).
【가운데】 피클을 만들 때도 사용할 수 있다. 【오른쪽】 북유럽에서 즐겨 먹는 헤링.

고기 요리와도 과자와도 잘 어울려서 쓰임새가 아주 다양하다. 전 세계적으로 사용되며 햄이나 소시지 같은 육류 가공식품의 착향료 등으로 많이 쓰인다. 특히 북유럽 요리인 헤링(Hering, 청어 초절임)에는 빠지지 않는 조미료이며, 영국에서는 전통 음식인 미트 파이에도 넣는다. 가루 낸 올스파이스는 과자나 잼 등에 쓰이며 영국의 전통 과자인 크리스마스 푸딩에는 빠지지 않고 꼭 들어간다.

COLUMN

자메이카의 특산 향신료

올스파이스는 그 이름처럼 편리한 향신료다. 19세기 중반 미국 개척 시대에는 동양의 향신료를 구하기 어려웠기 때문에 자메이카에서 들여오는 올스파이스가 매우 귀한 대접을 받았다. 자메이카 요리는 물론 여러 향신료를 섞은 소스에 닭고기를 재워서 석쇠에 구워내는 저크 치킨(Jerk chicken, 사진)에도 없어서는 안 될 향신료다.

▲ 버섯과 양파 마리네.* 올스파이스 외에 후추나 월계수 등을 추가해도 맛있다.

* 마리네(Mariné): 생선, 고기, 채소 등을 식초와 올리브유, 향신료 등을 섞어서 절인 음식

04

ASAFOETIDA

아사푀티다

악마의 냄새를 내뿜는
미나릿과 향신료

▲ 아사푀티다 블록과 아사푀티다 가루

아사푀티다는 미나릿과의 이년초로 생김새가 펜넬과 비슷해서 자이언트 펜넬이라고 불리기도 한다. '나뭇진'을 뜻하는 페르시아어 아자(aza)와 '고약한 냄새가 나다'를 뜻하는 라틴어 푀티다(foetida)가 합쳐져 만들어진 이름에는 이 향신료의 특징이 잘 나타나 있다. 한국에서는 아위라고 부르기도 한다.

원산지는 북아프리카이지만 지금은 주로 중근동과 인도를 비롯한 서아시아에서 재배된다. 봄이 되면 펜넬과 비슷한 노란색 꽃이 피는데, 꽃이 피기 직전에 뿌리째 뽑아서 뿌리줄기에 상처를 냈을 때 나오는 우윳빛 수액을 블록 형태로 말려서 향신료로 사용한다.

아사푀티다 수액에는 여러 가지 휘발성 황화합물이 들어있어서 마늘이나 두리안과 비슷한 냄새가 난다. 하지만 기름에 가열하면 냄새가 사라지고 양파 같은 풍미로 변한다. 가열하기 전에 나는 강렬한 악취 때문에 '악마의 배설물'(Devil's dung)이라고 불리기도 한다. 인도에서는 콩 요리와 채소 요리에 자주 사용하며 수프의 풍미를 내거나 우스터소스*를 만드는 재료로 쓰이기도 한다.

DATA

- 학명: *Ferula assa-foetida*
- 과명: 미나릿과 / 이년초
- 기타 명칭: 자이언트 펜넬, 아위, 힝(Hiṅg)
- 원산지: 북아프리카
- 이용 부위: 뿌리줄기에서 채취한 나뭇진, 잎, 줄기
- 용도: 요리, 약용 등
- 효능: 소화 촉진, 진정 작용, 기침 완화 등

* 우스터소스: 양파, 마늘, 사과 따위에 조미료와 향신료를 넣고 익힌 소스

▲ 아사푀티다는 우스터소스의 재료로도 쓰인다.

특징

아사푀티다는 향이 매우 강하며 상당히 높이 자라는 식물이다. 주로 뿌리줄기에서 채취한 나뭇진을 말려 향신료로 사용하며 인도에서 널리 쓰인다.

효능 및 효과

아사푀티다는 소화를 촉진해서 위통이나 복부 팽만감, 변비, 설사 치료에 효과가 있다. 한방에서는 기관지염의 기침약으로 처방되기도 한다. 과거에는 경련을 가라앉히는 작용이 있다고 여겨서 진정제로 쓰기도 했다.

어떤 요리에 사용할까?

【왼쪽】 아사푀티다를 사용한 남인도의 쌀 요리 커드 라이스. 커드(curd)란 요구르트를 말하며 맛이 산뜻해서 여름 요리로 제격이다. 【오른쪽】 아사푀티다의 풍미가 살아있는 매콤한 토마토 수프.

아사푀티다는 가열하면 향이 구수해져서 유럽과 인도에서는 콩 요리나 채소 요리, 피클, 소스를 만들 때 많이 사용한다. 날생선이든 소금에 절인 생선이든 생선 요리에 아사푀티다를 소량 추가하면 독특한 풍미가 생겨 생선의 맛이 한층 살아난다. 또 고기를 굽기 전에 오븐에 아사푀티다를 살짝 발라주면 누린내가 없어진다. 이란에서는 잎과 줄기를 식용으로 사용하며 잎을 고명처럼 쓰기도 한다.

COLUMN

불교에서는 섭취 금지?

불교에서는 계율에 따라 살생이나 번뇌를 일으키는 자극을 피하기 위해 사찰음식을 먹는다. 사찰음식에서는 크게 두 가지 식재료를 금지하는데, 하나는 동물성 음식 재료이고 또 하나는 오훈채(五葷菜)라는 파속(屬)으로 분류되는 냄새와 자극이 강한 채소다. 아사푀티다는 오훈채에 속하므로 불교에서는 섭취를 금한다.

▲ 인도 요리 파니야람(Paniyaram)에는 아사푀티다가 꼭 들어간다.

CARAWAY
캐러웨이

시드 케이크를 비롯한
베이킹에 널리 쓰이는 향신료

▲ 캐러웨이 꽃

▶ 납작한 초승달 모양이 특징인 캐러웨이 씨

캐러웨이는 기원전 1천 년 무렵부터 사용되었으며 주로 유럽에서 널리 쓰인다. 페니키아 상인들이 교역을 통해 유럽에 전파했는데, 캐러웨이라는 이름은 이 향신료를 처음 사용한 아랍인들이 '카라우야'(Karawya)라고 부른 데서 유래했다.

씨앗(열매)은 케이크나 빵, 쿠키를 구울 때 향신료로 쓰이며, 고대 로마 시대부터 빵이나 시드 케이크를 장식하거나 향을 내는 용도로 사용했다. 인도와 동남아시아에서는 소화를 돕는 효과가 있다고 여겨서 지금도 식후에 캐러웨이를 씹는 습관이 있다. 일본에서는 옛날부터 위장약이나 목감기약으로 쓰였다.

DATA

- 학명: *Carum carvi*
- 과명: 미나릿과 / 이년초
- 기타 명칭: 희회향(姬茴香)
- 원산지: 서아시아
- 이용 부위: 씨앗(열매), 잎 등
- 용도: 요리, 약용 등
- 효능: 소화 촉진, 식욕 증진, 염증 완화, 입 냄새 방지 등

특징

씹으면 상쾌한 향과 부드러운 단맛 사이로 어렴풋이 쓴맛이 느껴진다. 잎은 파슬리와 딜 중간 정도의 풍미를 지닌다. 입 냄새를 제거하거나 소화를 촉진하는 효과가 있다.

어떤 요리에 사용할까 ?

캐러웨이는 독일식 양배추 절임인 사우어크라우트나 헝가리 스튜인 굴라시에 꼭 들어가는 재료다. 호밀빵이나 치즈에 섞어 먹어도 맛있다. 특히 사과와 궁합이 좋아서 애플파이와도 잘 어울린다.

▶ 캐러웨이 씨를 토핑한 비스킷

임신, 수유 중에는 사용을 피한다

CARDAMON
카다몬

풍부한 향이 특징인 향기의 왕

▲ 카다몬 꽃과 열매

▶ 말린 카다몬 열매와 씨

카다몬은 재배와 수확이 어렵고 손이 많이 가서 사프란과 바닐라 다음으로 비싼 향신료다. 기원전 수천 년 전부터 생약이나 향신료로 사용되었으며 세계에서 가장 오래된 향신료 중 하나로 꼽힌다. 고대 로마와 그리스에서는 소화 촉진제나 구취 제거제, 향수 원료로 쓰였고, 몸의 열기를 가라앉히고 소화를 돕는 효과가 있어서 기온이 높은 아랍권 국가에서는 일상생활에 꼭 필요한 향신료로 꼽힌다.

향이 풍부해서 향기의 왕이라는 별명이 있으며 카레 가루의 주재료 중 하나다. 인도에서는 향신료의 왕인 후추와 더불어 향신료의 여왕이라고 불리기도 한다.

DATA

- 학명: *Elettaria cardamomum*
- 과명: 생강과 / 다년초
- 기타 명칭: 소두구(小豆寇)
- 원산지: 인도, 스리랑카 등
- 이용 부위: 열매, 씨앗
- 용도: 요리, 미용, 차, 약용 등
- 효능: 소화 촉진, 위장 기능 강화, 땀 분비 촉진, 입 냄새 방지 등

특징

알싸하면서도 레몬처럼 상큼한 향이 특징이다. 씨앗을 입에 머금으면 장뇌와 비슷한 자극이 느껴지고 쓴맛이 아련하게 남는다.

어떤 요리에 사용할까?

달콤한 요리에서 매콤한 요리까지 두루 잘 어울린다. 인도에서는 혼합 향신료인 가람 마살라의 주재료로 쓰이며, 아랍권 국가에서는 귀한 손님에게 커피에 카다몬으로 향을 더한 카다몬 커피를 대접한다.

▶ 카다몬 커피

임신, 수유 중에는 사용을 피한다. 또 민감성 피부인 사람은 정유 사용에 주의한다.

07

CHILI PEPPER

고추

선명한 빨간색으로 요리에 빛을 내는
강렬한 향신료

▲ 건조시키기 전의 고추

고추는 칠리 페퍼, 레드 페퍼(red pepper), 케이엔 페퍼(cayenne pepper) 등 다양한 명칭으로 불린다. 한국에는 16세기 말 무렵에 전해졌다. 열매 모양이 둥그스름한 품종이나 짤막한 품종, 익으면 노란색이나 보라색으로 변하는 품종 등, 약 3천 종에 이르는 고추가 존재한다고 알려져 있다.

멕시코에서는 기원전 6천 년경부터 사용했으며 대항해 시대인 15세기 이후 세계 각지로 퍼져 나갔다. 고추의 영어 이름에 아무런 관련도 없는 후추(pepper)가 붙은 것은 이를 유럽으로 가지고 돌아간 콜럼버스가 아메리카 대륙을 인도라고 착각해 고추가 인도에서 재배되는 후추의 일종이라고 생각했기 때문이다.

주로 완전히 익은 빨간 열매를 말려서 향신료로 사용하며, 혀에 불이 날 듯 강렬한 매운맛이 가장 큰 특징이다. 이 매운맛의 정체인 캡사이신 성분은 씨가 붙어 있는 흰 부분(태좌)에 가장 많아서 씨만 먹으면 전혀 맵지 않다.

DATA

- 학명: *Capsicum annuum*
- 과명: 가짓과 / 다년초(일년초)
- 기타 명칭: 칠리 페퍼, 레드 페퍼, 케이엔 페퍼 등
- 원산지: 중남미
- 이용 부위: 열매
- 용도: 요리, 약용, 수공예 등
- 효능: 소화 촉진, 땀 분비 촉진, 살균 작용, 식욕 증진, 피로 회복, 피부 미용, 위장 기능 강화, 모발 성장 촉진, 벌레 퇴치 등

특징

매운맛은 순한 종류부터 입에 불이 붙은 듯 자극이 강한 종류까지 품종에 따라 가지각색이며 씨가 붙어 있는 주변이 가장 맵다. 볶으면 매운맛에 고소한 향까지 더해진다.

효능 및 효과

비타민 A와 비타민 C가 풍부하고 땀 분비와 소화를 촉진하는 효과가 있어서 적당히 먹으면 건강에 좋다. 처음에는 자극이 강하게 느껴지지만 자주 먹으면 매운맛에도 익숙해진다. 다만 매운맛을 내는 캡사이신 성분은 자극이 강해서 지나치게 많이 먹으면 위장 등에 문제가 생길 수 있으므로 주의해야 한다.

어떤 요리에 사용할까?

【왼쪽】 고추, 토마토, 마늘 등을 조려 만든 칠리소스 【오른쪽】 멕시코 요리를 대표하는 칠리 콘 카르네

요리에 매운맛을 더해주는 고추는 불고기나 김치를 비롯해 멕시코의 칠리 콘 카르네나 타코스(Tacos) 등 전 세계의 다양한 요리에 널리 쓰인다. 특히 고추는 땀 분비를 촉진해서 더운 지역일수록 매운맛이 강한 품종이 인기가 높다. 칠리 파우더나 시치미 등 혼합 향신료의 재료로도 활약하며 간장에 넣으면 매운맛이 더해진 색다른 조미료로 사용할 수도 있다.

COLUMN

기나긴 역사를 가진 고추

고추의 종류는 셀 수조차 없을 만큼 많다. 원산지 중 하나인 페루에서는 잉카 제국 시대 이전부터 재배되었다고 전해지는데, 2천 년 이상 된 유적에서 다양한 형태의 고추 조각이 발굴되었다. 또 고추를 수놓은 1세기 무렵의 의복도 발견되었는데, 당시 사람들에게 고추가 얼마나 중요한 존재였는지를 엿볼 수 있다.

그 밖의 이용 방법

중국에서는 고추의 붉은색과 매운맛을 태양이나 불의 상징으로 여기며 잡귀를 쫓아준다고 생각해 부적이나 액막이로 쓰는 경우가 많다. 풍수적으로도 빨간색은 '잡귀를 쫓는 부적'을 의미하므로 고추 장식을 현관에 매달아두면 잡귀를 쫓아내고 행운을 불러들인다고 믿었다.

▲ 고추 장식

08

CINNAMON

시나몬

탐험가들이 찾아 헤맨
고급스러운 향이 나는 신비로운 향신료

▲ 나무껍질을 돌돌 말아 막대 모양으로 만든 시나몬 스틱과 곱게 빻은 시나몬 가루

후추, 정향과 함께 3대 향신료로 꼽히는 시나몬은 세계에서 가장 오래된 향신료 중 하나다. 고대 이집트에서는 기원전 4000년 무렵부터 미라를 만들 때 방부제로 사용했고, 《구약 성서》의 〈에스겔서〉나 고대 그리스 시인 사포(Sappho)의 작품에도 등장하는 등 오랜 옛날부터 향료나 방부제로 쓰였다.

원래 시나몬은 동양에서만 재배되었지만 비단길이나 향료길 등을 거쳐 지중해 연안까지 전해졌다. 또 상인들이 생산지를 숨겼던 탓에 대항해 시대에는 수많은 유럽의 탐험가들이 시나몬을 비롯한 향신료를 찾는 탐험에 나서기도 했다.

한국에서는 계피라고도 불리지만 엄밀히 따지면 다른 종류다. 현재 시나몬의 원료로 쓰이는 종류는 주로 스리랑카산 실론 시나몬(Ceylon cinnamon)과 동남아시아산 카시아(Cassia cinnamon)다. 그중에서도 특히 향이 풍성한 나무의 껍질을 벗겨낸 후 말려낸 것이 향신료로 사용된다.

DATA

- 학명: *Cinnamomum verum*
- 과명: 녹나뭇과 / 상록교목
- 기타 명칭: 계피, 육계(肉桂)
- 원산지: 중국 남부~베트남, 인도, 스리랑카
- 이용 부위: 나무껍질
- 용도: 요리, 차, 미용, 수공예 등
- 효능: 항균 작용, 땀 분비 촉진, 소화 불량, 감기 증상 완화, 위장 기능 강화 등

특징

특유의 달짝지근한 맛과 향, 살짝 맵싸한 맛이 특징이다. 효율적으로 향을 내려면 가루는 요리를 마무리하기 직전에 넣고 스틱은 팔팔 끓여서 사용하는 것이 좋다.

효능 및 효과

시나몬에는 칼슘, 철분, 망간 등이 많이 들어 있다. 또 시나몬의 향을 내는 성분인 시남알데하이드(Cinamaldehyde)는 모세 혈관을 보호하는 기능이 있어서 모세 혈관의 감소나 손상으로 인해 생기는 기미, 주름, 피부 처짐 등을 예방하고 개선하는 효과가 있다.

▲ 애플파이

어떤 요리에 사용할까?

【왼쪽】 반죽에 시나몬, 설탕, 버터를 바른 후 돌돌 말아서 구운 시나몬롤
【가운데】 시나몬 스틱을 곁들인 코코아 【오른쪽】 아보카도에 꿀과 시나몬 가루를 뿌려서 만든 디저트

시나몬은 설탕과 궁합이 아주 잘 맞아서 빵이나 쿠키, 애플파이, 프렌치토스트, 크레이프 등 서양과자류에 단골로 등장하는 향신료다. 카푸치노나 코코아, 홍차에 스푼 대신 시나몬 스틱을 곁들이면 독특한 풍미가 더해진다. 그밖에도 모로코의 전통 스튜인 타진이나 이란의 할림(Haleem, 양고기 스튜), 카레와도 잘 어울린다. 또 중국의 대표적인 혼합 향신료인 오향 가루에도 꼭 들어가는 재료다.

COLUMN

시나몬의 종류

시나몬이라고 불리는 것에는 여러 종류가 있는데 한국에서 많이 접하는 종류로는 스리랑카에서 생산되는 실론 시나몬과 중국이나 인도네시아에서 생산되는 카시아가 있다. 실론 시나몬은 나무껍질의 코르크층을 벗겨내서 관 모양으로 만든 다음, 속에 자잘한 껍질을 채워서 그늘에 말린다. 그래서 껍질이 얇고 달콤한 향이 고급스럽게 감돈다. 카시아는 나무껍질의 코르크층을 벗기지 않고 말리므로 실론 시나몬보다 두꺼우며 달콤하고 진한 향이 난다(사진은 나무껍질을 벗긴 시나몬 나무).

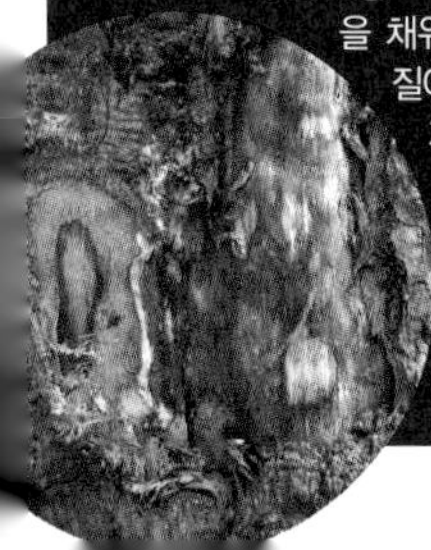

그 밖의 이용 방법

서양에서는 크리스마스 시즌이 되면 시나몬으로 포푸리를 만들어 집 안에 장식하는 습관이 있다. 포푸리란 꽃이나 허브, 향신료, 정유 등을 용기에 담아 숙성시켜 만드는 실내용 방향제다. 취향에 맞는 향을 조합해서 나만의 포푸리를 만들어보자.

▲ 시나몬 스틱 포푸리는 긴장을 가라앉히는 효과가 있다.

09

CLOVE

정향

마젤란이 찾아 헤맨
신비로운 향신료

▲ 못과 비슷하게 생긴 정향

정향의 꽃봉오리는 못과 비슷하게 생겨서 중국에서는 못을 의미하는 한자인 丁(정)을 붙여 정자(丁字) 또는 정향(丁香)이라고 부른다. 영어 이름인 클로브(Clove) 역시 못을 의미하는 프랑스어 클루(Clou)에서 유래했다.

향신료 중에는 보기 드물게 꽃이 피기 전에 딴 꽃봉오리를 말려서 사용하며 바닐라처럼 달콤한 향은 수많은 향신료 중에서 가장 강하다. 원산지는 인도네시아의 말루쿠 제도이며 인도와 중국에서는 기원전부터 살균이나 소독에 사용했다.

중국 상인들이 스리랑카를 거쳐 비단 등과 함께 유럽에 전파했는데, 6~7세기 무렵 유럽 귀족들 사이에서 큰 인기를 끌자 중국 상인들은 정향의 원산지를 철저히 숨긴 채 이익을 독점했다. 하지만 대항해 시대에 들어서면서 원산지가 밝혀지고 스페인 왕은 포르투갈 모험가인 마젤란에게 향신료 섬으로 향하는 미지의 서쪽 항로를 개척하도록 명령했다. 마젤란은 항해 도중에 목숨을 잃고 말았지만 나머지 일행은 출항한 지 3년 만에 스페인으로 정향을 갖고 돌아가는 데 성공했다. 이로써 스페인은 막대한 이익을 누리게 되었다.

DATA

- 학명: *Syzygium aromaticum*
- 과명: 도금양과 / 상록소관목
- 기타 명칭: 정자, 클로브
- 원산지: 인도네시아 말루쿠 제도
- 이용 부위: 꽃봉오리
- 용도: 요리, 미용, 차, 약용, 수공예 등
- 효능: 살균 작용, 소화 촉진, 벌레 퇴치, 위장 기능 강화, 구토 완화, 통증 완화, 수족냉증 개선 등

정향 가루. 햄버거나 제빵 반죽에 섞어서 사용한다.

꽃이 피기 전의 정향. 꽃봉오리를 수확해 햇빛에 말린 다음 사용한다.

특징

향은 바닐라처럼 달콤하지만 맛은 혀가 얼얼해질 만큼 자극적이다. 향이 강하므로 요리에 사용할 때는 많이 넣지 않도록 주의한다.

효능 및 효과

통증 완화와 항균 작용이 뛰어나 치과에서 부분 마취 등에 사용하므로 '치과의사의 허브'라고 불리기도 한다. 또 정향에 함유된 오이게놀 성분은 항산화 작용이 뛰어나서 노화나 동맥 경화를 예방하며, 소화를 촉진하고 위장 기능을 정상화하여 구토 증상을 가라앉혀 준다.

어떤 요리에 사용할까?

【왼쪽】 정향을 햄에 꽂아서 구운 햄 오븐구이. 영국에서는 꿀이나 과일을 넣은 달콤한 소스를 뿌려 먹는다.
【오른쪽】 라임과 정향으로 만든 음료. 라임의 상큼한 맛이 정향의 달콤한 향과 잘 어우러진다.

유럽에서는 소시지나 스튜 등 고기 요리의 냄새를 제거하고 향을 내는 용도로 쓴다. 정향 가루를 햄버거나 미트볼에 넣으면 자극적인 풍미가 더해진다. 또 덩어리 고기나 햄, 양파에 통째로 찔러 넣어 쓰기도 한다. 달콤한 음식과도 궁합이 잘 맞아서 리큐어나 케이크, 쿠키의 향을 내는 데도 사용된다. 특히 바닐라를 넣어 만드는 쿠키나 케이크의 반죽에 정향을 섞어서 구우면 바닐라와 정향의 향이 어우러져 맛이 한층 더 깊어진다.

COLUMN

행복을 부르는 포맨더

중세 유럽에서는 오렌지 등의 열매에 정향을 꽂아서 만드는 포맨더(pomander, 사진)가 크게 유행했다. 당시에는 악취가 나는 공기에 접촉하면 병이 옮는다고 생각해서 전염병을 예방할 목적으로 몸에 지니고 다녔으며 향이 좋은 포맨더를 부적처럼 여겼다고 한다.
현재는 수제 포맨더가 행복을 불러들인다고 해서 크리스마스 선물이나 장식품으로 널리 사랑받고 있다.

그 밖의 이용 방법

정향 오일은 항균, 소독 작용이 뛰어나서 여드름이나 뾰루지 등의 피부 트러블과 무좀 예방 및 개선에 효과적이다. 또 벌레가 정향의 향을 싫어해서 벌레 퇴치제로 쓰이기도 한다. 다만 고농도로 사용하면 자극이 강하므로 충분히 희석한 후 사용해야 한다.

▲ 정향 오일

10

COMMON SAGE
세이지

만병통치약이라 불리는 불로장생의 허브

▲▶ 세이지의 생잎과 말린 잎. 요리에 쓸 때는 각각의 특징에 맞게 구분해서 사용한다.

세이지는 학명으로도 알 수 있듯 빨간 꽃이 특징인 샐비어(Salvia)의 근연종이다. 샐비어와 구별하기 위해 약용 샐비어라고 부르기도 한다. 요리에는 주로 어린잎을 이용하는데, 꽃봉오리가 나오기 직전에 부드러운 잎을 따서 향과 색이 변하지 않도록 그늘에서 말리면 향이 더욱 강해진다. 잎 표면은 벨벳처럼 가는 털로 뒤덮여 있으며 회색빛이 감도는 부드러운 색조가 특징이다.

세이지라는 이름은 라틴어로 '건강'을 의미하는 살부스(salvus)에서 유래했다. 이름 그대로 약효가 다양해서 고대 그리스나 고대 로마 시대부터 불로장생의 허브로 여겨졌다. 16세기 독일의 한 약초 전문가는 "세이지는 의사"라는 말을 남겼고, 아랍에는 "정원에 세이지를 심은 사람은 죽지 않는다"는 속담이 있을 만큼, 예로부터 약효가 뛰어난 것으로 유명하다. 17세기 중국에서는 매우 귀한 대접을 받았는데, 네덜란드 상인들은 세이지 잎 하나당 중국차 세 상자라는 대단히 비싼 가격에 거래했다고 한다.

요리에서는 주로 고기 누린내를 제거하는 데 쓰이며, 소시지의 이름이 세이지에서 유래했다는 설도 있다.

DATA

- 학명: *Salvia officinalis*
- 과명: 꿀풀과 / 다년초(상록관목)
- 기타 명칭: 커먼 세이지, 약용 샐비어
- 원산지: 지중해 연안
- 이용 부위: 잎, 꽃
- 용도: 요리, 차, 미용, 약용, 수공예 등
- 효능: 항균 작용, 항산화 작용, 소화 촉진, 냄새 제거, 갱년기 증상 개선, 체력 증진, 위장 기능 강화, 장내 환경 개선, 진정 작용, 비듬 및 탈모 방지 등

▶ 세이지 꽃. 초여름이면 푸른빛을 띤 보라색 꽃이 길게 뻗은 줄기를 타고 이삭처럼 핀다.

특징

요리에는 커먼 세이지라는 종류를 사용하는데, 쑥과 비슷한 강한 향이 특징이며 떫은맛과 매운맛에 더해 쓴맛까지 있어서 호불호가 확실하게 갈린다.

효능 및 효과

살균 및 체력 증진, 위장 기능 강화 효과가 있으며, 로즈메리와 함께 항산화 작용이 강한 허브로 꼽힌다. 또 세이지의 향은 불안감을 가라앉혀서 서양에서는 상비약으로 정원에 키우는 집도 많다. 다만 효력이 강하므로 정유를 사용할 때는 조금씩 써야 한다.

어떤 요리에 사용할까?

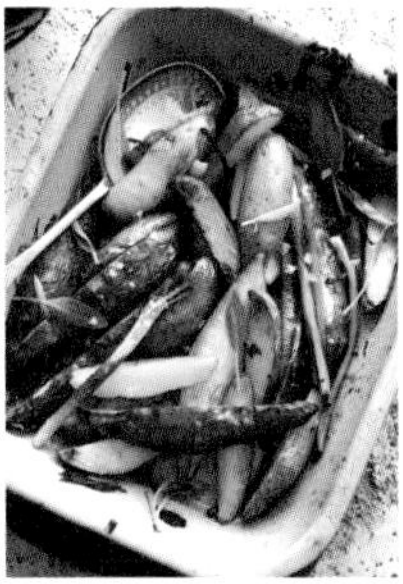

【왼쪽】 소시지의 필수 재료인 세이지 【가운데】 송아지고기, 닭고기, 돼지고기 등을 숙성 햄과 세이지로 돌돌 말아서 와인과 버터로 마무리한 이탈리아 요리 살팀보카 【오른쪽】 감자, 잎양파, 신선한 세이지를 구운 그릴 요리

세이지는 독일 요리와 이탈리아 요리에 많이 쓰이며 향이 강해서 고기 누린내를 제거하는 용도로 사용된다. 특히 돼지고기와 궁합이 좋아서 소시지를 비롯한 육류 가공식품에 많이 쓰이고 이탈리아의 고기 요리로 유명한 살팀보카(Saltimbocca)에는 숙성 햄과 함께 반드시 들어간다. 양고기나 간 등의 기름진 음식에 넣으면 소화를 도와주는데, 돼지고기 간장 조림이나 스튜, 찜 요리를 만들 때 시작 단계에서 고기에 바르면 더욱 효과적이다.

COLUMN

세이지 꿀

세이지 꽃(사진)은 작지만 꿀이 가득 들어 있어서 꿀벌이 즐겨 찾는다고 한다. 세이지 꽃에서 채취한 세이지 꿀은 색이 연하고 향이 산뜻하며 단맛이 부드럽다. 그래서 전 세계적으로 인기가 높고 세르비아와 몬테네그로 같은 생산국에서는 주요 수출품 중 하나로 꼽힌다. 세이지 향이 어렴풋이 감돌아서 과일이나 요구르트에 뿌려 먹으면 맛있게 즐길 수 있다. 또 세이지의 약효를 이용해 로션이나 팩으로 써도 좋다.

그 밖의 이용 방법

영국에서는 17세기에 홍차가 전해지기 전까지 세이지 티를 즐겨 마셨다. 세이지는 위장 기능 강화나 피로 회복, 갱년기 증상 개선에 효과가 있을 뿐 아니라 항균 작용도 뛰어나서 세이지 티로 입을 헹구면 감기나 전염병을 예방할 수 있고 치은염이나 구내염에도 효과가 있다.

▲ 세이지 티. 우려내면 순해져서 편하게 마실 수 있다.

11

CORIANDER

고수

여성의 마음을 사로잡는 신비로운 향

▲ 고수 씨

▲ 호불호가 확실하게 갈리는 고수 잎

고수의 원산지는 지중해 지역이지만 지금은 전 세계에서 재배되며 영어로는 코리앤더(Coriander), 태국어로는 팍치(Phak chee), 중국어로는 샹차이(香菜) 등 다양한 이름으로 불린다. 역사가 상당히 길어서 기원전 1550년경의 이집트 의학서인 《에베르스 파피루스》(*Ebers Papyrus*)에도 약으로 쓰는 법과 요리에 쓰는 법이 기록되어 있다. 고대 그리스와 로마에서 가장 많이 쓰인 약초 중 하나이며, 의학의 아버지라 불리는 고대 그리스 의사 히포크라테스도 사용을 권장했다.

씨앗(열매)은 향신료로, 잎은 허브나 채소, 고명으로 쓰이며 동남아시아에서는 줄기와 뿌리도 찜 요리 등에 사용한다. 잎과 씨앗은 향과 맛에 큰 차이가 있지만 생산국에서는 양쪽 모두 수요가 높다. 특히 남아시아 요리와 남미 요리에서는 필수 향신료로 꼽힌다.

잎은 노린재* 냄새라고 표현할 만큼 향이 독특하지만 씨앗은 향이 달콤해서 화장품 재료로 쓰이기도 했다. 이스라엘의 가르멜 수도원에서는 수녀들이 고수로 화장수를 만들어 햇빛에 그을리거나 거칠어진 피부를 관리하는 데 사용했다고 한다.

DATA

- 학명: *Coriandrum sativum*
- 과명: 미나릿과 / 일년초
- 기타 명칭: 코리앤더, 팍치, 샹차이
- 원산지: 지중해 연안
- 이용 부위: 잎, 줄기, 뿌리, 씨앗(열매)
- 용도: 요리, 차, 미용 등
- 효능: 항균 작용, 통증 완화, 살충 작용, 진정 작용, 소화 촉진, 자극 촉진, 위장 기능 강화, 장내 가스 배출 등

* 몸에서 고약한 냄새가 나는 노린재목 노린잿과 곤충을 통틀어 이르는 말.

▲ 고수 씨와 고수 씨 분말. 잎보다 달고 순하므로 잎의 향이 거북한 사람이 도전하기에 적합하다.

특징

잎과 줄기의 독특한 향이 가장 큰 특징이다. 가열한 열매는 레몬 향이 나며 씨앗은 희미한 단맛과 감귤 향이 감돈다.

효능 및 효과

비타민 C와 칼슘, 철분 등 영양소가 풍부해서 피부 미용에 제격이다. 장내에 쌓인 가스를 제거해 배변을 원활하게 하며 체내에 쌓인 중금속도 배출해준다. 최근에는 고수의 해독 효과가 주목을 모으고 있다.

어떤 요리에 사용할까?

【왼쪽】 당근과 고수 잎으로 만든 포타주. 영국에서 즐겨 먹는다.
【오른쪽】 태국의 간판 요리 스프링롤. 생고수 잎을 말아서 먹는다.
【아래】 통고수 씨를 토핑으로 얹어 구운 빵.

고수는 매콤한 요리와도 달콤한 요리와도 잘 어울려서 세계 각국의 요리에 사용되는 만능 향신료다. 잎과 줄기는 생으로 먹거나 고명으로 쓰고, 달콤한 향이 나는 씨앗은 카레나 피클, 소시지 등에 넣는다. 중근동에서는 다진 고기 요리나 소시지에, 유럽과 미국에서는 피클이나 오븐 요리 등에 사용한다. 특히 그리스에서 유래된 프랑스 냉요리인 아 라 그레크(A la grecque)에는 빠지지 않고 꼭 들어간다. 또 케이크나 빵, 쿠키 반죽에 섞거나 우유나 홍차에 넣어서 끓이는 등 디저트나 음료에 향을 더하는 용도로도 많이 쓰인다. 복숭아나 서양배에 고수 가루를 솔솔 뿌려 주면 단맛이 살아나서 과일 본연의 풍미를 한층 더 즐길 수 있다.

COLUMN

고수 키우기

물이 잘 빠지는 땅에 봄에는 3~4월, 가을에는 9~10월에 씨를 뿌린다. 잎을 요리에 쓰려면 어린잎이 적합하지만 모종이 작을 때 너무 많이 뜯으면 열매가 열리지 않으므로 주의한다. 햇빛이 잘 드는 곳에 심는 것이 좋지만 여름철에는 땅이 마르면 물을 듬뿍 줘야 한다. 초여름에 하얗고 청초한 꽃을 피우는데 잎이나 줄기와 마찬가지로 향이 강하므로 꽃꽂이에는 적합하지 않다.

▲ 아보카도, 토마토, 라임, 양파, 고수 등을 으깨서 섞은 멕시코 소스 과카몰레

12

CUMIN

커민

사랑하는 사람의 변심을 막아주는
씁쓸하고 신비로운 향

▲ 커민 꽃

▲ 말린 커민 씨. 캐러웨이와 비슷해 보인다.

본래 커민은 이집트를 흐르는 나일 강 골짜기에 자생하던 식물로, 고대 이집트에서는 왕족이나 귀족이 죽은 후 미라를 만들 때 시나몬, 아니스 등과 함께 방부제로 쓰였다. 이처럼 이집트나 서아시아에서는 아주 오래전부터 커민을 재배해왔으며 지금까지도 요리에 많이 사용한다. 성경의 마태복음이나 천일야화(아라비안나이트) 등에 커민에 대한 기록이 남아 있다는 점을 봐도 커민이 이 지역에서 널리 쓰인 향신료였음을 알 수 있다.

중세 유럽에서는 커민의 신비로운 향이 사랑하는 사람의 변심을 막아준다고 믿어서, 결혼식을 올리는 신랑신부가 커민을 숨겨서 참석하거나 기사(騎士)들이 전장으로 향할 때 바람피우는 것을 막아주는 부적으로 아내가 남편에게 쥐어주었다는 기록이 남아 있다.

요리에 사용할 때는 먼저 커민을 기름에 볶아 향이 배어들게 한 다음, 나머지 재료를 볶는 경우가 많다. 이러한 향신료를 스타터 향신료(starter spice)라고 부르며, 통향신료를 사용하는 데 거부감이 있는 사람도 부담 없이 도전하기에 좋다.

DATA

- 학명: *Cuminum cyminum*
- 과명: 미나릿과 / 일년초
- 기타 명칭: 마근(馬芹), 지라(Jeera), 퀴맹(Cumin)
- 원산지: 이집트
- 이용 부위: 씨앗
- 용도: 요리, 미용, 약용, 수공예 등
- 효능: 식욕 증진, 소화 촉진, 장내 가스 배출, 진정 작용, 통증 완화, 항암 효과, 체력 증진 등

특징

향이 씁쓸하면서도 개성이 있어 카레 특유의 풍미를 내는 데 꼭 필요한 향신료다. 햇빛을 받으면 독성이 생기므로 밀폐 용기에 담아 직사광선이 닿지 않는 곳에 보관해야 한다.

효능 및 효과

비타민 A, 비타민 B2, 비타민 B3, 비타민 C, 비타민 E, 칼륨, 철분, 마그네슘 등이 풍부하고 항산화 성분인 큐민알데히드(Cuminaldehyde)와 리모넨(Limonene)이 들어있어서 노화 방지와 면역력 개선에 효과가 있다.

어떤 요리에 사용할까?

【왼쪽】 반죽에 치즈, 딜, 커민을 넣어 구운 머핀 【가운데】 커민과 고추 등을 넣은 토마토소스에 달걀을 깨트려 넣은 중동과 북아프리카의 달걀 요리 샥슈카(Shakshuka) 【오른쪽】 인도 음료인 잘지라(Jal-jeera). 커민을 중심으로 박하와 레몬, 후추, 소금 등을 넣어 만들며 식욕을 높이고 소화를 촉진하는 효과가 있다.

커민은 치즈나 빵과도 잘 어울리지만 향신료를 많이 사용하는 에스닉 푸드*에서 존재감을 한껏 발휘한다. 카레 가루의 주재료이기도 한데 커민이 들어가지 않으면 카레 맛이 확 달라질 정도다. 고기 요리와도 궁합이 잘 맞아서 유럽에서는 소시지나 미트 로프,* 북아프리카에서는 쿠스쿠스,* 인도에서는 탄두리 치킨* 등 개성이 강한 요리의 풍미를 내는 용도로 쓰인다.

COLUMN

블랙 커민

파키스탄과 인도가 원산지인 블랙 커민은 이름만 들으면 검은색 커민이라고 생각하기 쉬운데 사실은 전혀 다른 식물이다. 꽃이 핀 모습이 청초해서 정원용으로도 인기가 높지만 한국에서는 구하기가 어려워 희소성이 높은 향신료다. 효능이 탁월해서 고대부터 민간약으로 쓰였으며 특히 알레르기성 피부염에 효과가 있다. 최근 연구에서는 항균 작용, 통증 완화, 해열 작용 등이 있다는 사실이 입증되었다.

그 밖의 이용 방법

커민의 향은 지친 마음에 활력을 불어넣고 긴장을 가라앉히는 효과가 있다. 미용 효과도 뛰어나서 고대 이집트에서는 여왕의 피부와 모발을 관리하는 데 썼다고 한다. 요리에 쓰고 남은 커민으로 수제 비누를 만들어도 좋다.

▲ 커민으로 만든 수제 비누

* 에스닉 푸드(Ethnic food): 이국적인 느낌의 제3세계 국가 전통 음식
* 미트 로프(Meat loaf): 다진 고기, 양파 등을 섞어 식빵 모양으로 구운 요리
* 쿠스쿠스(Couscous): 밀가루를 좁쌀 모양으로 반죽해 찜통에 쪄낸 후 고기나 채소를 곁들여 먹는 북아프리카의 전통 요리
* 탄두리 치킨(Tandoori chicken): 닭을 향신료와 요구르트로 양념해 인도의 전통 화덕인 탄두르(Tandoor)에서 구워낸 인도 전통 요리

CELERY SEED
셀러리 씨

채소의 맛을 한층 돋워주는
야생 셀러리의 씨앗

▶ 말린 셀러리 씨

▶ 채소로 먹는 셀러리와
셀러리 씨는 다른 종류다.

셀러리 씨는 글자 그대로 셀러리의 씨앗을 이용한 향신료로, 씨를 수확해 말린 후 껍질을 벗기고 한 번 더 말려서 사용한다. 셀러리 씨는 유럽이 원산지인 스몰리지(Smallage)라는 야생 셀러리의 씨앗을 이용하는데, 채소로 먹는 셀러리는 먹기 쉽게 쓴맛을 줄인 개량종이므로 엄밀히 말하면 다른 종류다.

유럽과 중근동에 걸친 서늘한 고지대 습원 지대에서 생산되며 고대 로마와 고대 그리스에서는 주로 장내 환경 개선이나 체력 증진을 위한 약으로 쓰였다. 임진왜란에 참전했던 가토 기요마사(加藤清正)가 당근 씨라고 속여 조선에서 일본으로 가져간 기록으로 보아 국내에서도 오래 전부터 사용한 것으로 여겨진다.

DATA

- 학명: *Apium graveolens*
- 과명: 미나릿과 / 일년초(이년초)
- 기타 명칭: 네덜란드 파드득나물, 기요마사 당근
- 원산지: 남유럽
- 이용 부위: 씨앗
- 용도: 요리, 차 등
- 효능: 해열 작용, 소변 배출 촉진, 식욕 증진, 진정 작용, 해독 작용, 소화 촉진 등

특징

잎은 신선한 향이 나지만 씨앗은 파슬리와 비슷한 풋내가 난다. 입에 넣으면 쌉쌀한 맛과 함께 육두구 같은 단맛이 희미하게 느껴진다.

어떤 요리에 사용할까?

채소와 잘 어울려서 토마토처럼 풋내가 나는 재료에 넣으면 냄새를 잡아주고 재료 본연의 맛을 살려준다. 피클 촛물에 넣으면 풍미가 더욱 늘어난다. 또 서양에서는 셀러리 씨와 소금을 섞어 만든 셀러리 솔트를 식탁용 조미료로 사용한다.

▶ 토마토주스에 셀러리 씨를 넣으면 풋내를 잡아준다.

임신, 수유 중에는 사용을 피한다.

CURRY LEAF
커리 잎

카레 요리에 없어서는 안 될,
카레 향이 나는 잎

▲ 커리 잎과 열매. 열매는 익으면 검게 변한다.

커리플랜트는 히말라야 산기슭과 남인도, 스리랑카에 자생하며 인도에는 직접 키우는 집도 적지 않다. 커리플랜트의 잎을 커리 잎이라고 부르며, 이름대로 카레와 감귤을 합쳐놓은 듯 향긋하면서도 알싸한 향이 난다. 예전에는 원산지에서만 사용되었으나 인도를 식민 통치하던 영국에 의해 또 다른 식민지였던 다른 아시아 지역으로 전파되었다. 특히 남인도나 스리랑카에서는 카레 등의 요리에 향을 내는 용도로 쓰며 남인도 요리의 필수 재료로 꼽힌다. 몸의 열기를 가라앉히는 효과가 있어서 해열제로 사용되기도 한다.

DATA

- 학명: *Murraya koenigii*
- 과명: 운향과 / 상록관목
- 기타 명칭: 커리플랜트(Curry plant), 큰잎월귤(大葉月橘), 남양산초(南洋山椒)
- 원산지: 스리랑카, 인도
- 이용 부위: 잎, 열매, 꽃 등
- 용도: 요리, 약용 등
- 효능: 식욕 증진, 해열 작용, 소화 촉진, 체력 증진, 살균 작용 등

특징

카레와 감귤류를 합쳐 놓은 듯 알싸하면서도 이국적인 향이 특징이다. 말린 잎은 풍미가 약하므로 가지에 붙은 잎을 사용하기 직전에 따서 쓰는 것이 좋다.

어떤 요리에 사용할까?

고기 요리와 콩 요리에 많이 쓰이며 보통은 다른 향신료와 섞어서 사용한다. 인도 카레의 필수 재료여서 커리 잎만 추가해도 인도 카레 본연의 맛을 느낄 수 있다.

▶ 다른 향신료와 섞어서 사용하면 좋다.

15

DILL

딜

고대부터 사용해온
통증을 가라앉혀 주는 식물

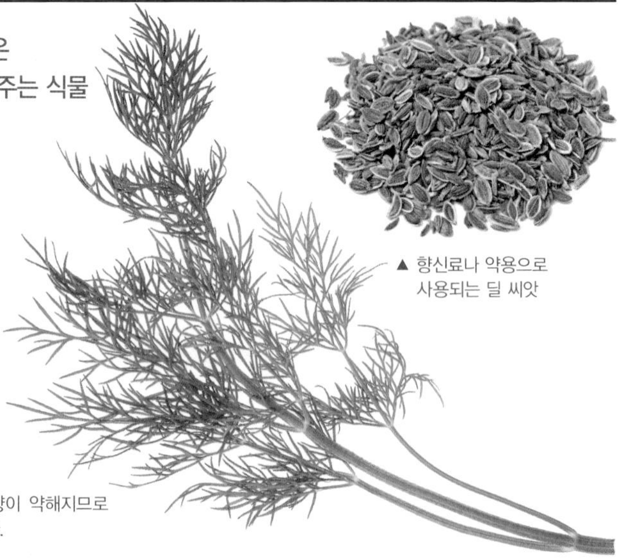

▲ 향신료나 약용으로 사용되는 딜 씨앗

▶ 딜 잎. 말리면 향이 약해지므로 생으로 사용한다.

딜이라는 이름은 '달래다, 진정시키다'라는 의미를 가진 고대 스칸디나비아어 '딜라'(dilla)에서 유래했다. 이름에 담긴 뜻대로 딜 씨앗을 달인 물에는 통증을 완화하는 효과가 있어서 위장약이나 영아 산통제로 사용되었다.

딜의 역사는 상당히 길다. 세계에서 가장 오래된 문명의 발상지인 메소포타미아 지방에서 기원전 3천 년경의 점토판이 발굴되었는데, 여기에는 수메르인이 약용으로 쓰던 식물 200여종 중 하나로 딜이 기록되어 있다. 5천 년 전의 고대 이집트 의사들도 역시 약으로 사용했다고 한다. 훗날 고대 그리스와 로마로 재배 지역이 확산되었고, 중세 유럽에서는 주술을 막아주는 부적이나 최음제 등 다양한 용도로 사용되었다.

캐러웨이 향이 돌고 양치식물처럼 길게 뻗은 잎은 허브로, 향이 강한 씨앗은 향료나 약으로 사용되며, 특히 폴란드 요리의 필수 재료로 알려져 있다.

DATA

- 학명: *Anethum graveolens*
- 과명: 미나릿과 / 일년초
- 기타 명칭: 시라(蒔蘿)
- 원산지: 지중해 연안에서 서아시아에 걸친 지역
- 이용 부위: 잎, 줄기, 씨앗, 꽃
- 용도: 요리, 차, 약용 등
- 효능: 살균 작용, 통증 완화, 진정 작용, 소변 배출 촉진, 장내 가스 배출, 장내 환경 개선, 입 냄새 방지, 소화 촉진, 모유 생성 촉진 등

▲ 산뜻한 노란 꽃이 핀다. 잎을 이용하려면 꽃이 피기 전에 채취하는 것이 좋다.

특징

청량감 있는 강한 향과 알싸한 매운맛이 특징이며 향은 캐러웨이와 비슷하다. 잎은 건조되면 향이 사라지므로 신선할 때 사용하는 것이 좋다.

효능 및 효과

감기 증상 개선과 진정 작용이 있어 잠이 오지 않을 때 섭취하면 효과가 있다. 또 위장 활동을 조절해 소화를 돕는 효능이 있어서 소화 불량이나 복통을 가라앉혀 주므로 과식했을 때 도움이 된다. 게다가 모유 생성을 촉진해서 수유 중에 사용하기에도 적합하다.

어떤 요리에 사용할까?

【왼쪽】 요구르트에 레몬, 딜, 마늘, 후추 등을 넣은 그리스 소스 차지키(Tzatziki) 【가운데】 레몬과 딜을 얹어 상큼하게 만든 연어구이 【오른쪽】 페타 치즈, 딜, 견과류를 토핑으로 올린 주키니호박 카르파치오*

딜은 유럽과 미국, 동남아시아, 중근동 등에서 필수 향신료로 꼽힌다. 스칸디나비아 지역에서는 잎과 씨 모두 감자 요리나 해산물 요리에 자주 쓰이며, 프랑스에서는 케이크나 페이스트리 같은 과자류에도 사용된다. 잎과 꽃봉오리는 고기, 생선, 달걀 요리나 수프 등에, 어린잎은 버터나 크림치즈에 섞어서 쓴다. 씨앗과 꽃은 피클을 담글 때 쓰거나 식초나 오일에 절여서 향이 배게 한 후, 딜 식초나 딜 오일로 사용하기도 한다.

COLUMN

전 세계에서 사랑받는 딜 피클

햄버거에 들어가는 오이 피클의 독특한 풍미는 딜에서 나오는 것으로 오이와 딜 씨앗을 함께 넣어 절인 딜 피클은 전 세계에서 사랑받는다. 다양한 레시피가 있지만 딜을 넣은 촛물에 오이를 비롯한 제철 채소를 절여서 며칠간 기다리면 완성이다. 잎과 꽃을 함께 넣으면 풍미가 한층 더 살아난다.

그 밖의 이용 방법

유럽에서 오래전부터 사용한 유아용 배탈약 그라이프 워터(Gripe water)의 재료로 쓰이며, 딜 씨앗을 물에 담근 딜 워터는 소화 불량이나 영아 산통 등에 효과가 있어 자주 사용된다. 집에서도 손쉽게 만들 수 있으며 마시기 거북한 경우는 꿀을 넣으면 좋다.

▲ 딜 허브티

* 카르파치오(Carpaccio): 주재료를 얇게 썰어 소스를 뿌려 먹는 이탈리아의 전채 요리

FENNEL
펜넬

생선 요리에 빠지지 않는 '생선의 허브'

▲ 펜넬 잎과 비늘줄기 (알뿌리)

▲ 펜넬 씨

펜넬은 고대 로마와 이집트 시대부터 사용된 허브로 역사상 가장 오래된 작물 중 하나로 꼽힌다. 이름은 라틴어로 건초를 의미하는 페눔(Fēnum)에서 유래했는데, 펜넬의 황록색 줄기가 시들어 마른 것처럼 보이기 때문에 붙여졌다고 한다.

씨앗은 향신료로, 잎은 허브로 쓰이며, 아니스처럼 달콤한 향과 씁쓸한 맛이 난다. 요리, 약, 화장품 등 다양한 용도로 쓰이는데, 특히 생선 요리와 궁합이 잘 맞아서 '생선의 허브'라고 불리기도 한다. 또 피노키오(Finocchio)라는 별칭을 가진 비늘줄기(알뿌리)는 샐러드나 조림, 수프 등에 넣는 채소로 쓰인다.

DATA

- 학명: *Foeniculum vulgare*
- 과명: 미나릿과 / 다년초
- 기타 명칭: 회향
- 원산지: 지중해 연안
- 이용 부위: 잎, 줄기, 꽃, 씨앗, 뿌리
- 용도: 요리, 차, 미용, 약용 등
- 효능: 소변 배출 촉진, 장내 가스 배출, 경련 완화, 땀 분비 촉진, 소화 촉진, 위장 기능 강화, 장내 환경 개선, 식욕 증진, 항균 작용, 체중 감량 등

특징

말린 씨앗은 아니스와 팔각처럼 달콤한 향과 씁쓸한 맛이 난다. 인도에서는 입 냄새를 예방하기 위해 식후에 펜넬 씨를 씹는 습관이 있다.

어떤 요리에 사용할까?

펜넬 씨는 생선 요리나 피클에 풍미를 더하거나, 애플파이나 수프, 리큐어 등을 만들 때 사용한다. 인도에서는 카레 요리, 중국에서는 오향 가루 재료로 쓰인다.

▶ 펜넬과 머스터드소스를 곁들인 흰살 생선 스테이크

임신·수유 중인 여성과 영유아, 간질 환자는 사용을 피한다.

FENUGREEK

호로파

메이플 시럽처럼
달콤한 향이 나는 향신료

▲ 호로파 잎

◀ 네모진 모양이 특징인 씨앗. 꼬투리째 말린 후 씨만 빼내서 한 번 더 건조시켜 향신료로 쓴다.

호로파는 고대 이집트에서 방부제로, 고대 그리스와 로마에서 식용이나 약용으로 쓰였다. 인도에서는 메티(Methi)라는 이름으로 불리며 전통 의학인 아유르베다의 필수 향신료로 꼽힌다.

향신료로 이용하는 씨앗은 메이플 시럽처럼 달콤한 향이 특징이다. 인도에서는 씨앗을 콩류처럼 그대로 먹거나, 카레 가루에 넣거나, 난이나 과자 등의 반죽에 섞기도 한다. 잎은 덩이줄기채소 등과 함께 조리해서 먹거나 씨앗을 화분에 뿌려서 콩나물이나 숙주나물처럼 발아시킨 다음 샐러드로 먹기도 한다.

DATA

- 학명: *Trigonella foenum-graecum*
- 과명: 콩아과 / 일년초
- 기타 명칭: 메티, 페누그릭
- 원산지: 서아시아, 지중해 연안
- 이용 부위: 씨앗
- 용도: 요리, 약용 등
- 효능: 가래 제거, 염증 완화, 통증 완화, 혈당 저하, 위장 기능 강화, 모유 생성, 성욕 촉진 등

특징

개성적이면서도 순한 향과 쓴맛이 특징이다. 씨를 부수면 달콤한 향이 메이플 시럽을 끓인 것처럼 풍성하게 퍼진다.

어떤 요리에 사용할까?

인도에서는 다른 향신료와 섞어서 카레 가루를 만들 때 쓰며 처트니에도 이용한다. 예멘에서는 호로파를 물에 담가서 만든 조미료 주그(Zhug)를 즐겨 먹는다.

▶ 치즈에 호로파를 넣은 소스

18

GARLIC

마늘

식욕을 돋우는 매력 만점 향신료

▲ 마늘의 알뿌리(비늘줄기). 6~15쪽의 조각으로 이루어져 있다.

마늘은 기원전 3000년경 고대 이집트에서 가장 먼저 사용되었다. 클레오파트라가 불로불사의 영약으로 마늘을 즐겨 먹었다는 이야기나 피라미드 건설에 동원된 노동자들이 고된 노동을 견딜 수 있도록 마늘이 배급되었다는 이야기도 전해져 내려올 만큼, 마늘은 세계에서 가장 오래된 향신료 중 하나로 꼽힌다.

한국에는 중국을 거쳐 전해진 것으로 여겨지는데, 단군신화나 《삼국사기》에도 그 이름이 등장하는 만큼 역사가 길다. '마늘'이라는 이름은 《명물기략》에 따르면, "맛이 매우 날(辣, 몹시 맵다)하므로 맹랄(猛辣)이라, 이것이 변하여 마랄, 마늘이 되었다"고 한다. 불교에서는 마늘의 강장 작용이 번뇌를 일으킨다고 해서 섭취를 금지하기도 했다. 최근에는 마늘의 효능이 과학적으로도 밝혀지고 있다. 살균 효과를 원한다면 생마늘을 얇게 저며야 하고 체력 증진 등 강장 효과를 원한다면 으깨서 볶아야 하는 등 조리법에 따라 효과가 달라진다는 사실이 입증되었다. 이것은 마늘에 함유된 여러 성분이 가공법이나 조리법에 따라 변화해 수십 종이나 되는 이차 성분을 만들어내기 때문이다.

DATA

- 학명: *Allium sativum*
- 과명: 수선화과 / 다년초
- 기타 명칭: 갈릭
- 원산지: 키르기스스탄, 이집트 등
- 이용 부위: 알뿌리(비늘줄기), 줄기, 잎
- 용도: 요리, 차, 미용, 약용, 수공예
- 효능: 자양 강장, 피로 회복, 살균 작용, 대사 촉진, 바이러스 예방, 혈액 순환 촉진, 식욕 증진 등

◀ 얇게 저민 마늘을 기름에 바삭하게 튀기면 샐러드나 스테이크 토핑으로 그만이다.

▲ 말려서 빻은 마늘 가루. 요리에 조금만 추가해도 맛에 깊이가 생긴다.

특징

소금, 후추와 함께 3대 조미료로 꼽히는 마늘은 특유의 강한 풍미가 가장 큰 특징이지만 조리 전에 데우면 향이 약해진다. 또 품종이나 조리법에 따라 맛과 효과가 다르다.

효능 및 효과

효능이 다양해서 고대부터 민간약으로 요긴하게 쓰였다. 마늘의 향을 내는 성분이자 탄수화물 분해를 촉진하는 알리신(Allicin)이 많이 들어 있어서 피로 회복이나 체력 증강에 효과가 있다. 또 비타민 B6가 대단히 많은 식품으로 꼽힌다.

어떤 요리에 사용할까?

【왼쪽】 가로로 이등분한 통마늘과 소고기, 채소를 함께 구운 스테이크.
【오른쪽】 마늘, 파슬리, 올리브오일, 소금 등을 섞어 만든 마늘 페이스트.
【아래】 갈릭 버터를 발라 구운 마늘빵.

마늘은 고기나 생선 냄새를 없애고 침샘을 자극하는 향이 있어서 향미 채소의 대명사로 꼽히며 중국, 이탈리아, 프랑스 등 세계 여러 나라의 요리에 널리 쓰인다. 생마늘을 볶아 볶음 요리에 쓰거나 말린 마늘을 버터와 함께 토스트에 발라 먹는 등 사용법도 다양하다. 향신료로 쓸 경우, 요리를 마무리할 때보다는 조리 중에 사용하는 것이 더욱 효과적이다. 중국 요리나 이탈리아 요리에서는 먼저 기름을 두르고 마늘을 볶아서 기름에 마늘 향이 배도록 하는 조리법이 주류를 이룬다. 또 중국에서는 알뿌리뿐 아니라 잎이나 줄기도 향미 채소로 이용한다.

COLUMN

거대 피라미드와 마늘

고대 이집트 시대의 거대한 피라미드는 20만여 명의 노동자들이 20년이라는 긴 세월 동안 2톤짜리 돌 200만여 개를 쌓아야 비로소 완성되었다. 푹푹 찌는 사막에서 고된 노동을 견딜 수 있었던 힘의 원천은 다름 아닌 마늘과 양파였다. 쿠푸(Khufu) 왕의 피라미드(왼쪽 사진)에는 노동자들이 마늘을 먹는 그림이나 먹은 양에 대한 기록이 남아 있다.

그 밖의 이용 방법

마늘은 쓰임새가 아주 다양하다. 유럽에서는 예로부터 구충제나 위장약, 영아 산통* 진정제 등 만능약으로 쓰였다. 특히 드라큘라가 무서워한다고 알려졌듯 마늘 묶음을 방에 걸어 두면 귀신을 쫓아낼 수 있다고 믿어서 액막이 도구로도 사용했다.

▶ 다발로 묶어 주방에 매달아 두면 인테리어 효과도 있다.

* 영아 산통: 생후 4개월 미만의 신생아가 이유 없이 발작하듯이 울고 보채는 증상

19

GALANGAL

고량강

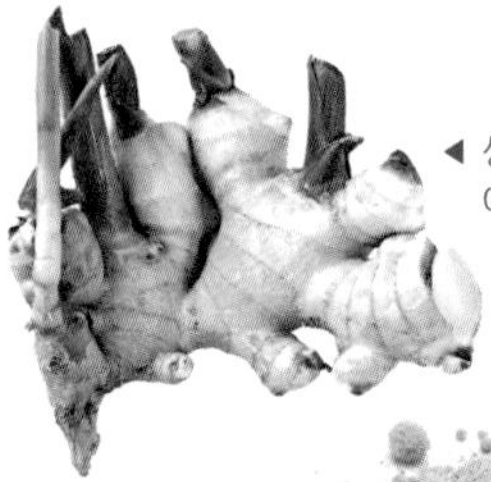

◀ 생고량강. 생김새가 생강과 아주 비슷하다.

생강과 쌍둥이처럼 닮은, 향기로운 향신료

▲ 말린 고량강과 말린 후 가루 낸 고량강

한국에서는 꽤나 생소한 향신료인 고량강은 크게 중국 남부가 원산지인 작은 고량강(Lesser galangal)과 인도네시아가 원산지인 큰 고량강(Greater galangal)으로 분류된다.

생김새는 생강과 비슷하고 향은 상쾌하다. 고대 이집트에서는 향불로, 중세 유럽에서는 약용이나 식용으로 쓰였으며, 지금은 주로 동남아시아 국가에서 많이 사용된다.

한방에서는 코와 목 점막의 염증이나 호흡기 질환을 가라앉히는 약으로 처방된다. 동남아시아에서는 고량강 가루와 라임을 넣어 만든 음료를 강장제로 마셨고 복부에 가스가 찼을 때도 자주 사용했다.

DATA

- 학명: *Alpinia galanga*
- 과명: 생강과 / 다년초
- 기타 명칭: 카(Kha), 태국 생강, 남강(南姜), 양강근, 갈랑갈
- 원산지: 중국 남부, 인도네시아
- 이용 부위: 뿌리줄기
- 용도: 요리, 약용 등
- 효능: 염증 완화, 구토 증세 완화, 장내 가스 배출, 알레르기 반응 억제 등

특징

작은 고량강은 매운맛이 강하고 유칼립투스와 비슷한 향이 나며 맛은 카다몬이나 생강과 비슷하다. 큰 고량강은 신맛이 있고 생강과 후추를 섞어 놓은 듯한 맛이 난다.

어떤 요리에 사용할까?

말레이시아와 인도네시아에서는 카레나 찜 요리에 많이 쓰며 태국에서는 생강보다 더 많이 사용한다. 러시아에서는 리큐어 등의 향을 내는 용도로 쓰기도 한다.

▶ 고량강은 태국의 대표 음식인 똠얌꿍에도 빠지지 않고 들어가는 재료다.

GINGER

생강

전 세계에서 사용되는
부엌 신이 내려준 선물

◀ (위에서부터 시계 방향으로) 생강의 뿌리줄기, 채 썬 뿌리줄기, 가루, 설탕 절임

생강의 영문명인 진저(Ginger)는 '뿔처럼 생긴 모양'을 의미하는 산스크리트어의 조어 싱가베라(Singabera)에서 유래했으며 뿌리줄기의 모양이 사슴뿔과 닮았다고 해서 붙여진 이름이다. 인도에서는 기원전부터 재배한 것으로 추정되지만 당시에는 약용으로만 사용되었다. 식용으로 쓰였다는 기록은 1세기 무렵 인도와 아랍권 국가의 요리책에 남아 있다.

10세기 유럽에서는 비싼 가격에 거래되어서 일부 특권 계급만이 생강을 맛볼 수 있었다. 어떤 재료와도 합이 잘 맞아서 지금도 전 세계 요리에 널리 사용되는데 당시 요리사들 역시 '부엌 신이 내린 선물'이라고 부르며 입에 침이 마르도록 칭찬했다고 한다.

DATA

- 학명: *Zingiber officinale*
- 과명: 생강과 / 다년초
- 기타 명칭: 진저
- 원산지: 열대 아시아
- 이용 부위: 뿌리줄기, 잎
- 용도: 요리, 차, 약용, 미용 등
- 효능: 혈액 순환 촉진, 구토 완화, 살균 작용, 땀 분비 촉진, 감기증상 완화, 통증 완화, 대사 촉진, 지방 분해, 수족냉증 개선 등

특징

달콤하고 상쾌한 향과 자극적이고 알싸한 맛이 특징이다. 서양에서는 주로 말려서 사용한다.

어떤 요리에 사용할까?

한국에서는 주로 고기나 생선 요리의 잡내를 없애는 용도로 쓰거나 양념으로 사용한다. 서양에서는 보통 생강쿠키나 생강빵 등 달콤한 디저트를 만들 때 이용한다.

▶ 생강빵

21

JALAPEÑO

할라페뇨

멕시코 요리에서
빠지지 않는
맛있게 매운 향신료

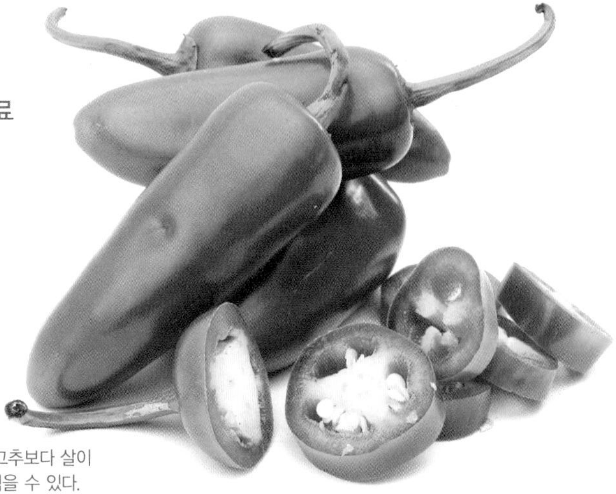

▶ 생 할라페뇨. 일반 고추보다 살이 두껍고 생으로도 먹을 수 있다.

멕시코를 대표하는 고추이자 멕시코 요리에 빠지지 않는 할라페뇨는 생김새 때문에 그린 칠리(Green chili)로도 불리는 청고추의 일종이다. 크기는 엄지손가락 정도이고 살은 두꺼우며 표면은 반들반들 윤기가 돈다. 이름은 할라페뇨의 원산지인 멕시코 남동부의 베라크루스 주 주도 할라파에서 유래했다.

먹으면 입안에서 불이라도 날 듯 매운맛이 특징이지만 매운맛에 더해 독특한 향미도 있어서 요리의 맛을 한층 끌어올려준다. 할라페뇨로 만든 그린 페퍼 소스(Green pepper sauce)는 빨간 고추로 만든 일반적인 핫소스보다 자극이 약하고 단맛이 있어서 편하게 먹을 수 있다.

할라페뇨는 미국에도 널리 보급되어서 멕시코와 이웃한 미국 텍사스 주 러레이도에서는 국경일인 대통령의 날* 주말이면 매년 할라페뇨 축제가 열린다. 축제 기간 동안 할라페뇨 요리 경연 대회를 비롯해 눈가리고 할라페뇨 던지기나 할라페뇨 많이 먹기 대회 등 다양한 행사가 열려서 수만 명의 관광객이 방문한다고 한다.

DATA

- 학명: *Capsicum annuum* L.
- 과명: 가짓과 / 다년초(온대 지방에서는 일년초)
- 기타 명칭: 할라피뇨, 그린 칠리
- 원산지: 멕시코
- 이용 부위: 열매
- 용도: 요리 등
- 효능: 땀 분비 촉진, 지방 분해, 식욕 증진, 살균 작용 등

* 대통령의 날(Presidents' Day): 조지 워싱턴과 에이브러햄 링컨의 생일을 기념하여 미국 국경일로 정한 2월 세 번째 월요일

▲ 수확하기 전의 할라페뇨. 익으면 빨갛게 변하고 매운맛도 늘어난다. 더위에 강해서 한여름에도 잘 자라므로 비교적 키우기 쉽고 장기간 수확할 수 있다.

특징

고추 중에서는 매운맛이 순하고 산뜻한 편이다. 독특한 향미가 있어서 생으로 먹을 수도 있다.

효능 및 효과

매운맛을 내는 성분인 캡사이신은 체내에 들어가면 중추신경을 자극해 아드레날린 분비를 촉진하므로 지방 분해에 효과가 있다. 또 매운맛이 있어서 요리에 소금을 적게 넣어도 맛있게 느껴지기 때문에 염분 섭취를 줄여 고혈압을 예방하는 효과도 있다.

어떤 요리에 사용할까?

【왼쪽】 미국의 펍(pub) 등 대중적인 술집에서 많이 파는 안주인 할라페뇨 파퍼.
【오른쪽】 토마토, 양파, 고수, 할라페뇨 등으로 만드는 살사 로하(Salsa roja, 빨간 소스라는 의미). 타코나 토르티야 등에 빠지지 않는 소스다.
【아래】 특유의 매운맛과 신맛이 매력적인 할라페뇨 피클.

생으로도 먹을 수 있지만 피클 등으로 판매되는 경우가 많다. 살사를 비롯해 멕시코 요리와 텍스멕스 요리(Tex-Mex cuisine, 멕시코풍 미국 요리)의 필수 향신료이며, 할라페뇨를 양파나 당근과 함께 피클로 만든 할라페뇨 엔 에스카베체(Jalapeño en escabeche)가 특히 유명하다. 미국에서는 할라페뇨 속에 체다 등의 치즈를 채워 넣고 옷을 입혀 튀긴 할라페뇨 파퍼(Jalapeno popper)가 술안주로 인기가 높다. 최근에는 과자나 청량음료의 향미료로도 많이 쓰인다.

COLUMN

뛰어난 보존식 치포틀레

치포틀레(Chipotle)는 잘 익은 고추를 말린 후 훈제한 멕시코의 보존 식품인데 주로 할라페뇨로 만든다(사진). 생고추는 쉽게 썩어서 지금까지 각 나라마다 수많은 보존법이 고안되었는데 치포틀레는 장기 보존이 가능한 데다가 독특한 향과 풍미가 있어서 다양한 요리에 폭넓게 활용할 수 있다. 아도보 소스(Adobo sauce, 고추와 여러 향신료를 섞어 만든 소스)에 절인 치포틀레 아도보는 통조림으로 판매되는 제품도 있다.

▲ 할라페뇨를 토핑으로 올린 멕시칸 피자

자극이 있으므로 임신, 수유 중에는 과다 섭취를 피한다.

22

JAPANESE PEPPER

산초

오랜 옛날부터 사랑받아 온,
작지만 자극이 강한 향신료

▶ 갓 수확한 산초 열매

산초는 한국, 중국, 일본이 원산지인 운향과 산초속의 가시가 있는 낙엽성 관목이다. 나무 전체에서 독특한 향이 나고 맛은 입안이 얼얼해질 만큼 맵다. 열매, 어린잎, 꽃 등 모든 부분이 향신료나 약용으로 쓰인다.

한국에서는 오랜 옛날부터 널리 쓰였는데, 고려시대의 문헌 《향약구급방》에 약재로서의 산초가 언급되고 있으며, 《중종실록》에는 후추 대용으로 산초의 사용에 대해 논의한 기록이 남아있다.

산초는 암나무와 수나무가 따로 있는 암수딴그루로, 봄이 되면 암나무에는 암꽃이, 수나무에는 수꽃이 피며 열매는 암나무에만 열린다. 덜 익은 어린 열매는 장아찌나 조림으로 만들고, 어린잎이나 새싹은 요리를 장식하는 데 사용된다. 또 황록색 꽃은 고명으로, 열매껍질을 말려 빻은 산초 가루는 양념이나 중국 요리의 향신료로 쓰인다. 이처럼 산초는 부위에 따라 다양한 용도로 쓰이는 만능 향신료다.

DATA

- 학명: *Zanthoxylum piperitum*
- 과명: 운향과 / 낙엽성 관목
- 기타 명칭: 산초나무
- 원산지: 한국, 중국, 일본
- 이용 부위: 열매, 열매껍질, 잎, 꽃
- 용도: 요리, 약용 등
- 효능: 위장 기능 강화, 통증 완화, 벌레 퇴치, 땀 분비 촉진 등

▲ 산초가 들어간 시치미

특징

산초에는 산쇼올(Sanshool)과 산쇼아마이드(Sanshoamide), 시트로넬랄(Citronellal), 디펜텐(Dipentene) 등의 유효 성분이 많아서 위장 기능을 강화해준다.

효능 및 효과

산초에 함유된 산쇼올은 내장의 기능을 활발하게 해서 소화를 촉진하는 효과가 있다. 또 산초는 신진대사를 활발하게 하고 땀 분비를 촉진해서 입욕제로 쓰면 신경통이나 수족냉증 등의 증상을 완화해준다.

어떤 요리에 사용할까?

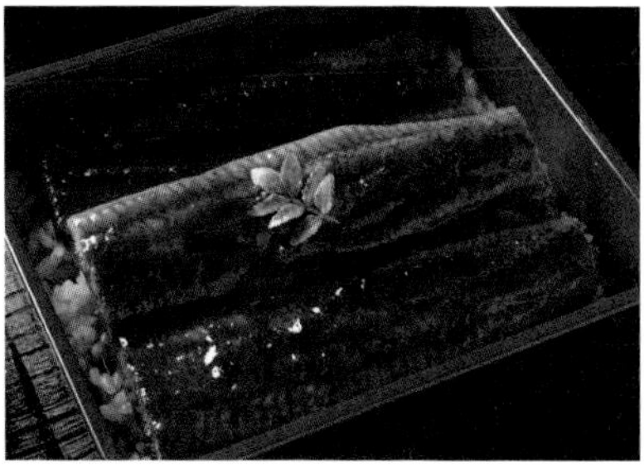

【왼쪽】 일본에서는 양념 장어구이를 만들 때 반드시 산초를 넣는다. 【오른쪽】 일본식 회덮밥인 지라시즈시의 풍미뿐 아니라 장식까지 더해준다.

산초의 어린잎은 초록빛이 선명하고 향이 좋아서 일본에서는 맑은국이나 지라시즈시* 등에 많이 쓰인다. 사용하기 직전에 잎을 가볍게 두드려서 으깨면 향이 더욱 강해진다. 생열매는 생선 요리나 일본의 고급 코스 요리인 가이세키 요리 등에 사용된다. 산초 가루는 카레 가루나 일본의 혼합 향신료인 시치미 등의 주재료로 쓰이며 장어구이 양념에도 자주 사용된다. 한국에서는 추어탕에 비린내를 없애기 위해 사용한다. 다만 가루는 품질이 급격히 나빠지므로 공기에 닿지 않도록 밀폐 용기에 넣어 냉동 보관해야 장기간 신선도를 유지할 수 있다.

COLUMN

산초는 작아도 얼얼하게 맵다

일본에는 '산초는 작아도 얼얼하게 맵다'라는 유명한 속담이 있다. 산초 열매는 5mm 정도로 아주 작지만 매운맛이 강하다는 데서 비롯된 속담으로 몸집이 작더라도 재능이나 실력이 뛰어날 수 있으므로 우습게 여기지 말아야 한다는 교훈이 담겨 있다(우리나라의 '작은 고추가 더 맵다'와 일맥상통한다). 이 속담만 봐도 산초가 예로부터 일본에서 널리 쓰인 향신료임을 잘 알 수 있다.

▲ 죽순밥과 산초 잎은 찰떡궁합을 이룬다.

* 지라시즈시: 식초와 소금으로 간을 맞춘 밥에 생선, 고기, 달걀부침, 채소 등을 듬뿍 흩뿌린 음식

23

JUNIPER BERRY
주니퍼베리

소나무 향이 나는
진의 주재료인 향신료

▲ 주니퍼 가지와 열매

▶ 말린 주니퍼베리

주니퍼는 북반구의 추운 지역에 자생하는 나무로, 주니퍼베리라고 불리는 주니퍼의 열매는 진(Gin) 향의 근원으로도 유명하다. 진은 1650년경 네덜란드의 의대 교수인 실비우스(Franciscus Sylvius) 박사가 당시 신장병 등에 약효가 있다고 여겨지던 주니퍼베리를 곡물로 만든 증류주에 섞은 것이 기원이라고 전해진다. 그밖에도 핀란드 전통 맥주인 사흐티(Sahti)의 원료로 쓰인다. 보통 잎과 가지는 식용으로 쓰지 않지만 예전에는 병원 등에서 공기를 정화하기 위해 주니퍼 잎과 가지를 모아 불태웠으며 미국 원주민들은 향불로 썼다고 한다. 소변 배출을 촉진하는 효과가 있어서 열매를 으깨 허브티에 넣기도 한다.

특징

씁쓸하면서도 달콤한, 그야말로 진의 향기 그 자체인 향이 특징이다. 입안에 넣으면 소나무의 강한 향과 함께 약간 얼얼한 맛이 느껴진다.

어떤 요리에 사용할까?

마늘이나 로즈메리 등 향이 강한 향신료와 함께 쓰는 것이 좋다. 마리네나 파이 등 잡내가 심한 고기를 사용하는 요리에 넣으면 잡내는 제거하고 향은 더한다. 햄이나 베이컨을 만들 때 후추 등의 다른 향신료와 함께 고기를 재워두는 용도로 써도 좋다.

▶ 주니퍼베리와 로즈메리를 사용한 테린*

* 테린(Terrine): 잘게 썬 고기나 생선 등을 그릇에 꾹꾹 눌러 담아 차게 식힌 다음 얇게 썰어 전채 요리로 내는 음식

DATA

- 학명: *Juniperus communis*
- 과명: 측백나뭇과 / 상록관목
- 기타 명칭: 노간주나무
- 원산지: 유럽, 북아메리카
- 이용 부위: 열매
- 용도: 요리, 차, 염료 등
- 효능: 땀 분비 촉진, 소변 배출 촉진, 류머티즘 완화, 진정 작용, 항균 작용, 소화 촉진 등

임신, 수유 중에는 사용을 피한다.

KOREAN LEEK

부추

특유의 향과 맛으로
각종 요리에 사용되는
따뜻한 성질의 향 채소

▶ 적당한 크기로 썬 부추

백합과 다년초로 한중일 및 동남아시아 등지에 분포한다. 한 번 씨를 뿌리면 이듬해부터는 뿌리에서 싹이 돋아 계속 자란다. 잎 모양에 따라 소엽종과 대엽종으로 나뉘는데, 소엽종은 잎이 가늘고 둥글며 추위와 더위에 강한 편이다. 반대로 대엽종은 잎이 납작하고 크며 더위와 건조에 약하다.

부추는 따뜻한 성질을 지녔으며 비타민 A와 C, 카로틴, 철 등이 풍부하다. 따라서 부추를 먹으면 몸이 따뜻해지고 면역력이 강화되어 감기에 쉽게 걸리지 않는다. 설사와 복통을 완화하고 소화기관을 튼튼하게 하는 등 강장효과도 있다. 특히 부추에 함유된 알라신 성분은 소화기능을 촉진시키고 살균 작용도 탁월해 고기를 조리할 때 함께 먹으면 좋다.

특징

특유의 향긋함과 상큼함으로 다양한 요리에 사용되는 부추는 다른 향신료에 비해 비타민 A의 함유량이 월등히 높다.

어떤 요리에 사용할까?

잎이 연하고 가는 것이 맛있다. 부드럽고 연한 잎은 생채나 나물로 무쳐서 먹고, 자라서 질긴 잎은 소고기, 돼지고기, 생선, 버섯 등과 볶음 요리로 먹거나 김치를 담가 먹는다.

▶ 부추 절임을 곁들인 곱창구이

DATA

- 학명: *Allium tuberosum*
- 과명: 백합과 / 다년초
- 기타 명칭: 정구지, 소풀, 원담초, 기양초
- 원산지: 한국, 중국, 일본, 동남아시아
- 이용 부위: 잎, 뿌리, 줄기, 씨앗
- 용도: 요리(잎), 약용 등
- 효능: 피로 회복, 면역력 강화, 장내 기능 강화

25

LAUREL
월계수

시원한 향이 나는 지혜와 영광의 상징

◀ 월계수의 어린 가지

▶ 말린 월계수 잎. 요리에 넣으면 향이 더욱 좋아지지만 오래 끓이면 쓴맛이 나므로 주의한다.

월계수는 녹나뭇과 상록교목인 월계수의 잎을 건조시킨 향신료로 프랑스어로는 로리에(Laurier), 영어로는 로럴(Laurel) 또는 베이 리프(Bay leaf)라고 부른다. 상쾌한 향과 깔끔한 맛이 나는 시네올(Cineol)이라는 방향성 성분이 함유되어 있어 오래전부터 요리에 많이 쓰였다.

그리스 신화에서는 아름다운 요정 다프네가 변신한 나무나 태양신 아폴론의 왕관으로 잘 알려져 있다. 그래서 옛날부터 지혜와 영광의 상징으로 여겼고, 고대 올림픽에서는 승자에게 월계수 잎이 달린 어린 가지를 엮어 만든 월계관을 씌워주었다. 지금도 우승기나 우승컵 등에 월계수 디자인이 들어가는 경우가 많다. 그밖에도 벼락을 피하게 해주는 부적으로 여겨 궁전이나 광장에 심었다고 한다.

시원한 향이 식재료의 잡내를 잡아주며 프랑스 요리와 찜 요리에 많이 쓰인다. 다만 풍미가 강하므로 많이 넣지 않도록 주의한다. 잎을 자르거나 접어서 넣으면 향이 더욱 잘 우러난다. 키우기 쉬워서 정원수로 재배할 수 있으며 생잎을 따서 그대로 이용할 수도 있다.

DATA

- 학명: *Laurus nobilis*
- 과명: 녹나뭇과 / 상록교목
- 기타 명칭: 로리에, 로럴, 베이 리프
- 원산지: 서아시아, 지중해 연안
- 이용 부위: 잎
- 용도: 요리, 차, 미용, 수공예 등
- 효능: 소화 촉진, 항균 작용, 통증 완화, 위장 기능 강화, 부패 방지 등

▲ 말린 월계수 잎과 말려서 가루 낸 월계수 잎

특징

희미한 쓴맛과 맑고 시원한 향이 특징이며 향미료로 많이 쓰인다. 오래 끓이면 쓴맛이 나므로 조리 도중에 꺼낸다.

효능 및 효과

월계수의 주성분인 시네올은 소화를 촉진해서 식욕이 없을 때 요리에 사용하면 효과적이다. 살균 효과가 있어서 월계수 잎에서 추출한 정유는 항균제의 원료로 쓰이기도 한다.

어떤 요리에 사용할까?

【왼쪽】 월계수 잎은 잡내를 제거하고 향을 내는 효과가 있어서 고기 요리에 많이 쓰인다. 【오른쪽】 비프 스튜

월계수 잎은 카레나 포토푀*를 비롯한 스튜 요리에 자주 쓰이는데 단순히 향을 낼 뿐만 아니라 고기와 생선의 잡내를 제거하는 효과도 있다. 월계수 잎을 잘게 찢어 올리브오일 등에 몇 시간 재워두면 향기를 내고 냄새를 제거하는 데 더욱 효과적이다. 프랑스 요리에 많이 쓰이는 부케 가르니에는 꼭 들어가며 부용이나 찜 요리 등 다양한 요리에 쓰인다.

COLUMN

월계관

월계관은 월계수 잎이 달린 가지를 둥글게 엮어 만든 왕관이다. 고대 그리스에서는 월계수를 아폴론의 영혼이 깃든 나무로 여겨 아폴론을 기리는 축제인 피티아 제전의 우승자에게 월계관을 씌워주었다. 그로 인해 월계관은 가장 명예로운 지위의 상징이 되었다.

이 습관에서 유래해 중세 이후 영국에서는 뛰어난 시인에게 계관 시인(Poet Laureate)이라는 영예로운 칭호를 부여한다.

그 밖의 이용 방법

월계수와 올리브오일로 만드는 알레포 비누는 시리아의 알레포에서 생산되며 수천 년의 역사를 가진 최고급 천연 비누로 꼽힌다. 피부를 촉촉하게 유지하면서도 노폐물을 말끔히 제거해주는 순한 비누로 유명하다.

▲ 비누 발상지로 알려진 알레포에서 만든 비누

* 포토푀(Pot-au-feu): 소고기, 채소, 부케 가르니를 넣고 뭉근하게 오래 끓인 프랑스 스튜 요리

26

LEMON GRASS
레몬그라스

에스닉 요리에 빼놓을 수 없는,
레몬향이 나는 향신료

▲ 말린 줄기

▲ 생레몬그라스

◀ 말린 잎

레몬그라스는 열대 아시아가 원산지이며 억새처럼 키가 큰 볏과 식물이다. 이름에서도 알 수 있듯, 잎을 문지르면 상큼한 레몬향이 나는 것이 특징이다. 밑동에 살짝 붉은 기가 돌아서 인도에서는 '빨간 줄기'를 의미하는 추마나 풀루(Choomana pullu)라는 이름으로 불린다.

인도 전통 의학인 아유르베다에서 수천 년 전부터 사용했는데, 레몬그라스의 정유에 열을 내리고 감염증을 예방하며 종양의 진행을 억제하는 효능이 있다고 여긴다. 현재 정유는 아로마테라피나 향수의 원료로 사용되며, 해충이 싫어하는 향이어서 벌레퇴치용 스프레이로 쓰이기도 한다.

잎이나 줄기를 생으로 쓰거나 말려서, 또는 말린 다음 가루를 내어 향신료로 사용한다. 잎을 곱슬곱슬 말아서 레몬 껍질처럼 보이게 말린 제품도 유통되고 있다. 동남아시아에서는 특히 줄기 밑동 부분을 요리에 많이 사용한다. 에스닉 요리에 특유의 풍미를 더해주는 레몬그라스는 태국, 말레이시아, 인도네시아 요리와 더불어 카리브 요리에도 꼭 필요한 향신료다.

DATA

- 학명: *Cymbopogon citratus*
- 과명: 볏과 / 다년초
- 기타 명칭: 레몬풀, 추마나 풀루
- 원산지: 열대 아시아
- 이용 부위: 줄기, 잎
- 용도: 요리, 차, 약용, 미용, 수공예 등
- 효능: 살균 작용, 위장 기능 강화, 소화 촉진, 살충, 냄새 제거, 땀 분비 촉진, 경련 완화, 염증 완화, 피부 미용, 진정 작용 등

▲ 레몬그라스 가루. 닭고기나 돼지고기 찜에 넣으면 에스닉 요리의 맛을 손쉽게 낼 수 있다.

특징

레몬과 동일하게 시트랄(Citral)이라는 향 성분이 들어 있어서 레몬처럼 달콤하고 상큼한 향이 난다. 풀의 향미가 있지만 그렇게 강하지는 않다.

효능 및 효과

항균 효과와 살균 효과가 뛰어나서 감기를 예방해준다. 레몬그라스의 향은 부교감 신경을 자극해서 마음을 편안하게 하고 기력을 회복시켜준다. 또 근육통 등의 통증을 줄여주며 모공 축소와 여드름 개선에도 효과가 있다.

어떤 요리에 사용할까?

【왼쪽】 럼주, 라임, 고추, 레몬그라스로 만든 매콤한 칵테일.
【오른쪽】 똠얌꿍. 레몬그라스는 매운맛을 순하게 하는 효과도 있다.
【아래】 레몬그라스, 바질, 고수, 마늘, 고추, 레몬즙, 남플라* 등을 넣은 수프에 쪄낸 홍합.

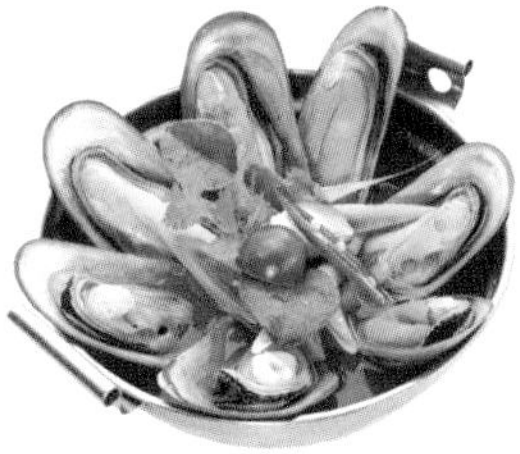

레몬그라스는 세계 3대 수프로 꼽히는 태국의 똠양꿍을 비롯해 동남아시아 요리에서 빼놓을 수 없는 향신료다. 동남아시아에서는 잎보다는 줄기를 많이 사용하는데, 고추나 고수 등과 궁합이 아주 잘 맞아서 고기 요리나 해물 요리에 함께 넣으면 동남아시아 요리 본연의 맛을 즐길 수 있다. 생줄기는 기름에 튀겨 먹거나 둥글게 썰어서 볶음 요리나 샐러드에 넣는다. 줄기와 잎은 채 썰어서 콩소메 수프의 풍미를 내는 데 쓰거나 잘게 다져서 페이스트를 만들어 스튜에 사용하는 등 다양하게 활용할 수 있다.

COLUMN

레몬그라스 키우기

레몬그라스는 다 자라면 높이가 1.5m를 넘고 잎도 무성하게 자라므로 바람이 잘 통하고 볕이 잘 드는 곳에 심어야 한다. 5월에 씨를 심어 잎이 무성해지면 여름 이후에 수확할 수 있는데, 수확할 때 밑동을 10cm 정도 남겨 두면 새잎이 다시 자라난다. 다만 레몬그라스는 열대성 식물이라 추위에 약하다. 겨울에는 화분에 옮겨 심어 실내에서 겨울을 나게 하고 봄이 되면 다시 정원에 심어서 번식시키는 것이 좋다.

그 밖의 이용 방법

레몬그라스 허브티는 향이 강하지 않고 맛이 산뜻해서 마시기 편하므로 허브티에 익숙하지 않은 사람도 거부감 없이 마실 수 있다. 심신이 피로할 때나 집중력을 높이고 싶을 때, 또 기운을 회복하고 싶을 때 제격이다. 특히 속이 더부룩하거나 명치 언저리가 아플 때는 위를 편안하게 해서 소화를 촉진시킨다.

▲ 레몬그라스 티

* 남플라(Nam pla): 생선을 발효시킨 소스

27

MUSTARD
머스터드

요리에 포인트를 주는
자극적인 매운맛과 산뜻한 노란색

▲ 머스터드의 원료인 겨자

▲ 머스터드. 하얀 것은 화이트 머스터드, 검은 것은 블랙 머스터드, 노란 것은 브라운 머스터드

머스터드는 남유럽과 지중해 연안, 중앙아시아 등에 널리 분포하는 십자화과 식물인 겨자의 씨앗을 원료로 하는 향신료다. 고대 로마에서는 그레이프 머스트(Grape must)라고 불리는, 발효시키지 않은 포도즙에 겨자씨를 빻아 넣어 와인을 만들었다. 머스터드라는 이름은 라틴어로 '불타는 포도주'라는 뜻을 가진 무스툼 아르덴스(Mustum ardens)에서 유래했다고 전해진다.

머스터드는 크게 세 종류로 나뉘는데, 양겨자로 불리며 서양에서 사용하는 화이트 머스터드, 흑겨자로 불리는 블랙 머스터드, 일본겨자로 불리며 일본을 비롯한 아시아에서 사용하는 브라운 머스터드가 있다.

고대 그리스 수학자 피타고라스의 논문 〈머스터드의 가치와 성질〉에 머스터드를 전갈에 찔린 상처의 중화제로 사용했다고 기록되어 있는 등, 유럽에서는 약용으로 쓰이기도 했다. 중세 유럽에서는 서민들이 요리에 사용할 수 있는 유일한 향신료였다. 이후 13세기에 프랑스의 디종에서 지금과 같은 머스터드소스가 만들어지면서 전 세계에 널리 퍼졌다.

DATA

- 학명: *Brassica juncea*
- 과명: 십자화과 / 일년초
- 기타 명칭: 겨자, 개자
- 원산지: 【블랙】 중동
  【브라운】 유럽, 인도, 중국
  【화이트】 지중해 연안
- 이용 부위: 씨앗
- 용도: 요리, 약용
- 효능: 염증 완화, 소화 촉진, 흥분 작용, 지방 분해, 소변 배출 촉진, 항균 작용 등

▲ 노란 꽃이 흐드러지게 핀 겨자밭 풍경

특징

말린 씨앗 자체는 매운맛이 없고 으깨서 물에 개어야 매운맛이 생긴다. 브라운 머스터드와 블랙 머스터드는 코끝을 톡 쏘는 매운맛이 있지만 화이트 머스터드는 맛이 순하다.

효능 및 효과

지방을 연소하고 소화를 촉진해서 다이어트 중에 사용하면 효과적이다. 다만 소변 배출을 촉진하고 신경을 흥분시키므로 잠자리에 들기 전에는 섭취를 피하는 편이 좋다. 매운맛을 내는 정유 성분인 이소티오시안산알릴(Allyl isothiocyanate)은 살균력이 뛰어나서 항균제로 쓰이기도 한다.

어떤 요리에 사용할까?

【왼쪽】 꿀과 머스터드를 섞어 만든 허니머스터드 소스는 치킨이나 구운 햄과 찰떡궁합이다.
【오른쪽】 비프스테이크에 홀그레인 머스터드를 발라 먹으면 고기의 느끼함은 줄고 식감은 더해진다.
【아래】 핫도그의 단짝인 옐로 머스터드와 케첩.

서양에서는 매운맛보다 풍미를 중시하므로 매운맛이 적은 페이스트 형태의 머스터드를 고기에 바르거나 소시지 등에 찍어 먹는 경우가 많다. 통머스터드는 그대로 피클에 넣거나 으깨서 스테이크 등에 사용한다. 드레싱이나 마요네즈를 비롯한 소스류, 달걀 요리와도 두루 잘 어울린다. 아시아에서는 매운맛을 내기 위해 요리에 소량씩 사용하는 경우가 많다. 시간이 지나면 매운맛이 사라지므로 매운맛을 원한다면 먹기 직전에 사용하는 것이 가장 좋다.

COLUMN

머스터드 종류

머스터드의 종류는 전 세계적으로 다양하다. 핫도그 등에 쓰는 북미의 옐로 머스터드는 화이트 머스터드에 강황을 넣어 색을 낸 것으로 매운맛이 거의 없고 신맛도 적다. 프랑스의 전통적인 디종 머스터드는 화이트와인의 풍미가 특징이다. 홀그레인 머스터드는 브라운 머스터드를 씨앗 껍질째 빻지 않고 만들어서 맛이 순하다. 가루 낸 씨앗에 찬물이나 미지근한 물을 추가해 만드는 브라운 머스터드는 코끝이 찡해지는 매운맛이 특징이다.

그 밖의 이용 방법

씨앗에서 채취하는 머스터드 오일은 주로 인도나 네팔에서 식용유로 많이 쓰인다. 머스터드 특유의 톡 쏘는 강한 향이 특징이며 소량으로도 대단히 맵싸한 향이 난다. 카레나 볶음 등 평소 즐겨 먹는 요리에 식용유 대신 쓰면 이국적인 맛을 낼 수 있다.

▲ 머스터드 오일

28

NUTMEG & MACE

육두구와 메이스

달콤하고 알싸한 향을 내뿜는
매혹적인 향신료

▲ 씨앗을 감싼 빨간 가종피를 말린 것이 메이스

▶ 씨앗을 석회수에 담갔다가 말린 것이 육두구

육두구는 인도네시아 말루쿠 제도가 원산지인 육두구과 상록수다. 살구와 비슷하게 생긴 열매 속 씨앗이 육두구, 씨를 둘러싼 그물 모양의 가종피*가 메이스인데, 각각 다른 향신료로 쓰인다. 육두구는 특유의 달콤한 향이 있어서 주로 다진 고기 요리에 사용하고, 메이스는 풍미가 더 부드러워서 디저트 등에 사용하는 경우가 많다.

육두구는 인도인이 최초로 사용했다고 추정되며, 힌두교의 전신인 브라만교의 경전 《베다》(*Veda*)에는 기원전 1천 년 무렵 의사들이 육두구를 두통이나 열병, 복통 등을 치료하는 약으로 썼다는 기록이 남아있다. 6세기 무렵 유럽에 전해져서 후추, 시나몬, 정향과 함께 세계 4대 향신료로 꼽히며 귀한 대접을 받았다고 한다.

17세기부터는 네덜란드가 육두구 거래를 독점했는데, 육두구와 메이스가 같은 열매에서 난다는 사실을 몰랐던 네덜란드 정부는 메이스가 훨씬 수요가 많고 값이 비싸므로 육두구 나무를 베어내고 메이스 나무를 심으라고 현지에 지시했다는 에피소드가 남아있다.

DATA

- 학명: *Myristica fragrans*
- 과명: 육두구과 / 상록교목
- 기타 명칭: 너트메그
- 원산지: 인도네시아 말루쿠 제도
- 이용 부위: 【육두구】 씨앗
  【메이스】 가종피
- 용도: 요리, 차, 미용, 수공예 등
- 효능: 위장 기능 강화, 장내 환경 개선, 해열 작용, 혈액 순환 촉진 등

* 가종피(仮種皮): 씨 표면을 덮고 있는 섬유 같은 물질

▲ 육두구 열매. 육두구 나무는 성장하면 높이가 10~20m나 되어서 1년에 한 그루당 약 4천 개의 열매를 수확할 수 있지만 성장이 더뎌서 열매를 맺기까지 7년이나 걸린다.

특징

특유의 달콤한 향과 씁쓸한 맛이 특징이다. 육두구와 메이스의 맛과 향은 크게 다르지 않지만 메이스의 맛이 더 달고 고급스러우며 향과 자극이 순하다.

효능 및 효과

육두구는 몸을 따뜻하게 해서 수족냉증 등에 효과가 있다. 또 소화를 촉진하고 장을 튼튼하게 하며 장내 가스를 배출해준다. 단 과잉 섭취하면 중독 증상이 나타날 수 있으므로 주의해야 한다.

어떤 요리에 사용할까?

【왼쪽】 북미에서 크리스마스에 마시는 에그노그. 우유가 들어간 달콤한 음료로 시나몬과 육두구 가루를 뿌려 풍미를 더한다. 【가운데】 푸딩에 뿌려도 맛있다. 【오른쪽】 육두구와 말린 오렌지 껍질로 향을 더한 뇨키* 그라탱.

고기의 누린내는 제거하고 본연의 맛은 끌어내서 햄버거나 미트 로프 등 다진 고기를 이용한 요리에는 빠지지 않고 들어가는 향신료다. 달콤한 요리와도 잘 어울려서 푸딩, 커스터드 크림, 에그노그, 과일 파이 등에도 쓰인다. 메이스는 육두구보다 자극이 적고 더 달콤해서 시나몬과 함께 쿠키나 빵에 넣으면 효과적이다. 원산지에서는 육두구를 통째로 설탕에 졸이거나 과육을 소금에 절여서 사용한다.

COLUMN

육두구는 과다 섭취에 주의!!

육두구를 요리에 쓰면 재료 본연의 맛을 살려주지만 사용량에는 주의를 기울여야 한다. 적당량을 사용하면 특별히 문제될 것이 없으나 과다 섭취하면 마리화나(대마)와 비슷한 환각 증상이나 경련 등의 증상을 일으킬 수 있기 때문이다. 과거에는 낙태약으로도 쓰였으며, 심한 경우 간 기능에 장애가 발생할 수 있으므로 한 번에 5g 이상은 섭취하지 않도록 조심, 또 조심하자.

그 밖의 이용 방법

육두구 정유는 날카롭고 톡 쏘는 향이 특징이다. 특히 추운 겨울에는 욕조에 몇 방울 떨어뜨려서 입욕제로 쓰면 차가운 몸을 따뜻하게 해주고 심리적인 긴장도 풀어준다. 단 피부 자극이 다소 강하므로 사용량은 두세 방울 정도면 충분하다.

▲ 육두구 정유

* 뇨키(Gnocchi): 찐 감자에 밀가루를 섞어 만든 반죽을 경단이나 수제비처럼 빚어서 익힌 이탈리아 전통 음식

29

ONION

양파

요리의 감칠맛을 살려주는
서양의 가다랑어포

▶ (왼쪽부터) 자색 양파와 황색 양파

전 세계 요리의 필수품인 양파는 그 역사가 아주 길다. 고대 이집트에서는 피라미드를 쌓는 노동자들에게 마늘과 함께 양파를 배급했다고 한다. 이후 유럽 지중해 연안으로 전파되면서 전 세계로 퍼져 나갔다. 서양 요리에서는 맛을 내는 재료로 쓰여 '서양 요리의 가다랑어포'로 여겨지기도 한다.

양파에 들어있는 황화알릴(Allyl sulfide)이라는 황 화합물은 휘발성이 아주 강한 자극 성분으로 알려져 있는데, 양파를 잘랐을 때 눈물이 나는 것은 이 때문이다. 그러나 황화알릴은 열을 가하면 당도가 매우 높은 프로필메르캅탄(Propyl mercaptan)이라는 물질로 변화하므로 양파를 가열하면 단맛이 강해진다.

황화알릴은 동맥 경화의 원인이 되는 혈전을 녹여주고 콜레스테롤 대사를 촉진하며 혈액 순환을 원활하게 해서 고혈압, 당뇨병, 동맥 경화, 뇌혈전, 뇌경색 등을 예방하는 데 효과가 있다.

양파는 토마토, 수박과 더불어 세계 3대 채소로 꼽히며, 한국에는 조선말에 미국이나 일본을 통해 전파된 것으로 추정된다.

DATA

- 학명: *Allium cepa*
- 과명: 수선화과 / 일년초(이년초)
- 기타 명칭: 어니언
- 원산지: 중앙아시아
- 이용 부위: 알뿌리(비늘줄기)
- 용도: 요리 등
- 효능: 식욕 증진, 피로 회복, 혈전 예방, 동맥 경화 예방, 암 예방, 고혈압 예방 등

【왼쪽】 오른쪽 위부터 시계 방향으로 자색 양파, 황색 양파, 페코로스, 흰색 양파.
【오른쪽】 프라이드 어니언. 바삭하고 고소해서 샐러드나 핫도그 토핑으로 인기가 높다.

특징

양파 자체는 영양가가 높지 않지만 영양소가 잘 흡수되도록 도와주는 성분이 많다. 이 성분은 수용성이어서 장시간 물에 담가 두면 효과가 약해진다.

효능 및 효과

채소 중에서 가장 당질이 많으며 과당, 포도당, 자당이 거의 비슷한 비율로 들어있다. 또 칼륨과 아연, 비타민 B1, 비타민 B2, 비타민 C 등이 풍부하고, 케르세틴(Quercetin)이라는 항산화 성분이 들어있어 암이나 노화 방지에 효과가 있다.

어떤 요리에 사용할까?

【왼쪽】 세계 어디에서나 사랑받는 어니언링. 【가운데】 프랑스의 양파 수프. 양파를 갈색빛이 돌 때까지 볶은 다음 부용*을 붓고 푹 끓인 후에 바게트와 치즈를 얹어 오븐에 구워내면 완성이다. 【오른쪽】 발사믹 식초로 만든 페코로스 피클.

샐러드 등에 넣어 생으로 먹거나 말린 양파를 가루 내어 향신료로 쓴다. 갈색빛이 돌 때까지 볶은 양파는 생선이나 고기의 냄새를 제거하거나 소스와 카레, 수프의 맛을 내는 데도 톡톡한 역할을 한다. 흔히 접하는 황색 양파나 자색 양파 외에도 잎을 고명으로 사용하는 잎양파, 통째로 사용하는 앙증맞은 크기의 페코로스 등 종류도 다양하다. 각각의 특성에 맞게 조리해 종류별로 각기 다른 맛을 즐겨보자.

COLUMN

양파꽃

양파를 비롯한 파속(屬) 식물은 양파꽃(Onion head)이라고 불리는 꽃을 피우는데, 무수한 작은 꽃이 공 모양으로 빽빽하게 핀 모양이 예뻐서 꽃꽂이 재료로도 쓰인다. 다만 꽃이 피면 더 이상 성장하지 않기 때문에 파와 양파를 식용으로 재배하는 사람에게는 골칫덩어리다.

그 밖의 이용 방법

싹이 나서 요리에 쓸 수 없게 된 양파는 버리지 말고 크기가 적당한 그릇에 물을 채운 다음 뿌리 부분만 물에 담가둔다. 며칠만 지나면 뿌리와 잎이 자라서 관엽식물로 즐길 수 있다. 잎은 고명으로 쓸 수 있다.

▲ 관엽식물로도, 키친허브로도 즐길 수 있다.

* 부용(Bouillon): 고기나 채소를 끓여 만든 육수

30

OREGANO

오레가노

이탈리아 요리의 필수 재료로,
'산이 주는 즐거움'이라는
뜻을 가진 허브

▶ 생오레가노와 말린 오레가노. 말리면 향이 강해지기 때문에 요리에는 말린 오레가노를 쓴다.

오레가노는 꿀풀과 오레가노속 식물 중에서도 특히 지명도가 높은 허브다. 고대 이집트와 고대 그리스 등지에서 아주 오랜 옛날부터 식용이나 약용으로 쓰였다. 기후나 토양, 재배종인지 야생종인지에 따라 여러 종류가 있으며 향과 맛도 제각기 다르다.

주로 그리스 지방의 산과 들에 자생하며, 이름은 '산이 주는 즐거움'을 의미하는 그리스어 오리가눔(Origanum)에서 유래했다. 그래서 예로부터 결혼식을 비롯한 관혼상제 의식에도 많이 쓰였다.

요리에는 보통 말린 잎을 사용하는데 씁쓸하면서도 청량한 향이 가장 큰 특징이다. 이 독특한 향은 오레가노에 함유된 카바크롤(Carvacrol)이라는 성분의 화합물에서 나는 것이라서 식물 자체보다는 그 향을 오레가노라고 부르는 경우가 많다.

고대 로마의 미식가 아피키우스(Apicius)가 "맛있는 소스에는 꼭 들어가는 향신료"라고 칭송했듯이 지금도 토마토케첩이나 우스터소스 등 소스류에 많이 쓰인다. 특히 피자 소스에 반드시 들어가는 재료이며 이탈리아 요리에서는 없어서는 안 될 필수 향신료다.

DATA

- 학명: *Origanum vulgare*
- 과명: 꿀풀과 / 다년초
- 기타 명칭: 와일드 마조람, 꽃박하
- 원산지: 지중해 연안
- 이용 부위: 잎, 꽃이삭
- 용도: 요리, 차, 미용, 수공예 등
- 효능: 땀 분비 촉진, 살균 작용, 노화 방지, 통증 완화, 소화 촉진, 냄새 제거 등

▲ 잎을 우려 만든 오레가노 티.
예전에는 약국에서 소화제로 판매했다.

특징

와일드 마조람이라고도 불리는 것에서 알 수 있듯, 같은 꿀풀과에 속한 마조람과 향과 맛, 모양이 모두 비슷하지만, 오레가노가 향이 더 강하고 야생적이며 단맛은 약간 더 적다.

효능 및 효과

오레가노는 천연 항생제라고 불릴 만큼 염증을 억제하는 기능이 뛰어나고 비타민과 미네랄이 풍부하다. 감기와 기관지염뿐 아니라 소화 불량, 복통, 피로에도 효과가 있다. 하지만 약효가 강하므로 적정 사용량을 지키고 임신 중에는 가급적 사용을 피한다.

어떤 요리에 사용할까?

【왼쪽】 피자의 필수 재료인 오레가노 【가운데】 빵에 토마토, 올리브, 치즈, 오레가노를 올린 이탈리아의 전채 요리 크로스티니 【오른쪽】 오일, 식초, 오레가노, 파슬리, 마늘 등을 섞어 만든 아르헨티나 소스 치미추리(Chimichurri)

오레가노는 토마토나 치즈와 잘 어울려서 이탈리아와 그리스를 비롯한 지중해 지역의 요리에 많이 쓰인다. 특히 피자에는 빠지지 않는 필수 향신료이며, 그밖에도 오믈렛이나 샐러드 드레싱에 넣어 향미를 즐기거나 고기 요리의 누린내를 제거하는 데 사용된다. 멕시코 요리에 많이 쓰이는 혼합 향신료인 칠리 파우더의 필수 재료로, 칠리 콘 카르네*에 반드시 들어간다. 오레가노와 향이 비슷한 마조람과는 가급적 같이 쓰지 않는 것이 좋다.

COLUMN

오레가노 아로마 오일

오레가노 향은 마음을 편안하게 해주는 효과가 있다. 그래서 고대 이집트에서는 목욕물에 넣었고 고대 그리스에서는 고인의 넋을 위로하기 위해 묘지에 심었다고 한다. 오레가노 아로마 오일의 향은 씁쓸하고 알싸해서 특히 정신적으로 피로가 쌓였을 때 아주 좋다. 또 오일로 마사지하면 염좌나 피부 트러블에 효과가 있다.

그 밖의 이용 방법

오레가노는 튼튼하고 키우기 쉬워서 부엌이나 정원에서 기르기에 안성맞춤이다. 봄이나 가을에 씨를 뿌리면 2년째 되는 해부터 꽃을 피운다. 지나치게 커지지도 않고 추위에도 강하지만 여름의 습기에는 약하므로 바람이 잘 통하는 장소에 심는 것이 좋다.

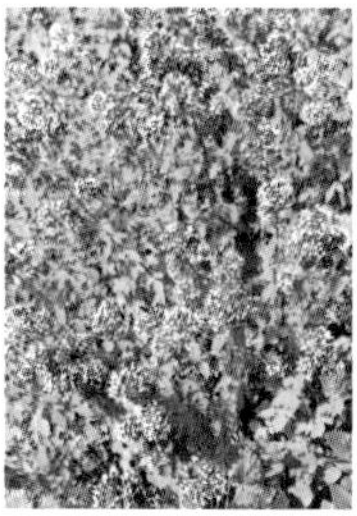

▶ 오레가노 꽃. 작고 사랑스러운 보랏빛 꽃이 핀다.

* 칠리 콘 카르네(Chili con carne): 다진 소고기에 강낭콩, 마늘, 양파, 고추, 토마토 등을 넣고 푹 끓인 매콤한 멕시코식 스튜

31

PAPRIKA

파프리카

헝가리에서 탄생한
선홍색 향신료

▲ 빨간 파프리카

▶ 빨간 파프리카 열매를 말려서
빻은 파프리카 가루

파프리카는 콜럼버스가 신대륙에서 유럽으로 가지고 돌아간 고추의 일종이다. 이후 헝가리에서 열매가 크고 매운맛이 없게 품종을 개량한 것이 현재의 파프리카다. 그래서 헝가리는 지금도 파프리카 산지로 가장 유명하며 찜 요리인 굴라시를 비롯해 헝가리 요리의 필수 향신료로 꼽힌다.

파프리카란 헝가리어로 '후추'를 뜻하며 빨간색, 주황색, 노란색, 녹색 등 색깔도 다양하다. 미국에서는 벨 페퍼(Bell pepper), 영국에서는 색깔에 따라 레드 페퍼(Red pepper)나 옐로 페퍼(Yellow pepper)라고 부르는 등 채소 자체의 명칭은 나라마다 다르지만, 주로 빨간 파프리카 열매로 만드는 향신료는 어느 나라에서나 파프리카라고 부른다.

파프리카는 빨간 열매의 씨를 제거해 건조시킨 후 가루를 내어 향신료로 사용한다. 고추와 풍미가 비슷하지만 맛과 풍미가 부드럽고 순해서 많은 양을 넣어도 음식 맛을 해치지 않는다. 조리한 후에도 붉은색이 사라지지 않으므로 요리에 색을 내는 착색 향신료로 이용된다.

DATA

- 학명: *Capsicum annuum* var. angulosum
- 과명: 가짓과 / 다년초
- 기타 명칭: 벨 페퍼, 스위트 페퍼
- 원산지: 열대 아메리카
- 이용 부위: 열매
- 용도: 요리 등
- 효능: 피로 회복, 노화 방지, 피부 미용, 식욕 증진, 혈액 순환 촉진, 동맥 경화 예방, 항암 효과 등

▲ 파프리카의 색깔은 여덟 종류 정도인데, 빨간 색과 노란색은 단맛이 강하고 주황색은 영양가가 높다.

특징

파프리카는 가루를 내어 향신료로 쓰며 달콤새콤한 맛과 매운맛, 쓴맛, 그리고 독특한 풍미가 있다. 가루는 선홍빛이 돌아서 주로 요리에 색을 내는 용도로 사용한다.

효능 및 효과

피로 회복이나 열사병에 효과가 있어서 특히 한여름에 사용하면 좋다. 또 칼로리가 낮아서 비만을 예방해주고, 비타민 C와 비타민 E가 많아서 피부 미용에도 효과적이므로 여성에게 특히 추천한다.

어떤 요리에 사용할까?

【왼쪽】 포테이토칩 시즈닝.
【오른쪽】 감자와 소시지를 파프리카 소스에 푹 끓인 헝가리 가정식, 파프리카 크룸플리(Paprikás krumpli)
【왼쪽 아래】 파프리카로 색을 낸 헝가리 살라미.
【오른쪽 아래】 삶은 낙지에 올리브 오일, 파프리카, 소금을 뿌린 스페인 전통 요리, 폴포 아 페이라(Pulpo a feira).

파프리카는 색깔이 선명해서 드레싱이나 수프 등에 사용되며 치즈, 감자, 어패류 요리나 전채 요리의 색을 내는 데도 요긴하게 쓰인다. 파프리카의 향과 불그스름한 주황색은 헝가리의 대표 요리인 치킨 파프리카나 굴라시를 만들 때 톡톡한 역할을 한다. 파프리카 색소는 기름에 잘 녹아서 기름을 쓰는 요리에 넣으면 색이 선명하게 나온다. 열에도 비교적 안정적이어서 제빵류나 찜 요리 등에도 색이 예쁘게 밴다.

COLUMN

피망과 파프리카는 뭐가 다를까?

피망과 파프리카는 같은 가짓과 고추속 채소이지만 각각 색도 형태도 다양해서 혼동하는 사람이 많다. 둘 다 고추를 개량해서 만든 품종이지만 파프리카는 피망보다 크고 살이 두꺼운 종 모양 피망을 가리킨다. 피망과 달리 쓴맛이나 풋내가 없고 단맛이 나며 비타민 C와 카로틴도 더 풍부하다.

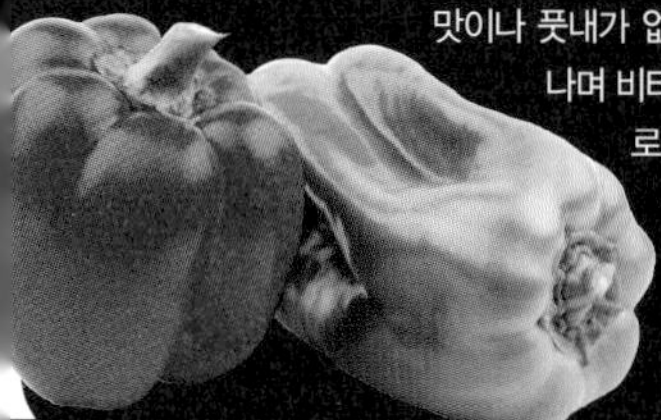

▲ 다진 고기, 쌀, 채소로 속을 채워 구운 파프리카 요리

32

PEPPER

후추

인류의 역사를 크게 변화시킨
향신료의 왕

▲ 흑후추. 빻는 방식에 따라 쓰임새가 다르므로 통후추를 사서 그때그때 그라인더로 갈아 쓰는 것이 가장 좋다.

인도 남서부의 말라바르 지방이 원산지인 후추는 시나몬, 정향, 육두구와 함께 세계 4대 향신료로 꼽히며, '한 가지 요리에 세 번을 쓴다'는 말이 있을 만큼 용도가 다양해서 향신료의 왕이라고 불린다. 후추의 영어 이름인 페퍼(Pepper)는 인도 고어인 산스크리트어의 피팔리(Pippali, 긴 고추라는 뜻)에서 유래했으며, 기원전 500년대 무렵에 이미 후추를 재배하고 있었다고 전해진다. 후추라는 이름은 '서방(胡)에서 전래된 향신료(椒)'를 의미하는 중국어명 호초(胡椒)에서 유래했다.

훗날 페르시아와 아랍 상인들이 후추를 지중해 연안으로 전파하면서 고대 그리스에서는 의약품으로, 고대 로마에서는 금은보석과 함께 귀중품으로 귀한 대접을 받았다. 중세부터는 방부제나 탈취제로도 쓰였고, 고기 요리를 많이 먹는 유럽에서는 조미료로 수요가 높아졌다. 하지만 머나먼 인도에서 긴 시간과 엄청난 노력을 쏟아서 운반되던 후추는 한 줌에 소 한 마리 값을 치러야 할 만큼 값비싼 향신료였다. 그래서 당시 서민들은 구경조차 할 수 없는 머나먼 존재였다고 한다.

DATA

- 학명: *Piper nigrum*
- 과명: 후춧과 / 덩굴성 상록관목
- 기타 명칭: 호초
- 원산지: 인도
- 이용 부위: 열매
- 용도: 요리, 약용 등
- 효능: 소화 촉진, 식욕 증진, 위장 기능 강화, 방부, 냄새 제거, 장내 가스 배출, 염증 완화, 살균 작용, 노화 방지, 항암 효과 등

▲ 후추 열매. 익지 않은 녹색 열매는 녹후추, 잘 익은 빨간 열매는 적후추가 된다.

특징

입안 가득 퍼지는 상쾌한 향과 적당한 매운맛이 특징이다. 수확 시기나 제조 방식에 따라 풍미가 다르지만 어떤 요리와도 찰떡궁합을 자랑한다.

효능 및 효과

후추의 매운맛을 내는 성분인 피페린(Piperine)은 식욕 증진과 항균, 항산화 등의 작용을 해 에너지 대사를 높여준다. 혈액 속의 영양소 농도 또한 높여서 영양분이 잘 흡수되도록 도와준다.

어떤 요리에 사용할까?

【왼쪽】 보드카와 토마토주스로 만든 칵테일 블러디 메리(Bloody Mary). 흑후추를 곁들이기도 한다.
【가운데】 소금과 후추만으로 맛을 낸 티본 스테이크 【오른쪽】 페코리노 치즈와 흑후추를 솔솔 뿌린 파스타

고기, 생선, 채소 요리 등 다양한 요리에 폭넓게 사용할 수 있으며 카레 가루나 케첩 같은 조미료의 주재료로 쓰이기도 한다. 동서양을 막론하고 전 세계의 수많은 요리에 이용되는 그야말로 만능 향신료다. 흑후추는 고기 요리를 비롯한 서양 요리 전반에, 백후추는 흰살 생선이나 달걀 등 담백한 재료로 만드는 요리에, 적후추는 요리에 색을 내는 데 쓰는 등, 종류에 따라 구분해서 사용하면 좋다.

COLUMN

후추의 종류와 특징

후추는 수확 시기나 제조 방법에 따라 4개 종류로 나뉜다. 익지 않은 녹색 열매를 햇빛에 말리면 풍미가 독특하고 강한 흑후추가 되고, 소금에 절이거나 짧은 시간 동안 건조시키면 산뜻하게 매운 녹후추가 된다. 또 빨갛게 익은 열매를 말리면 풍미가 순하고 색이 선명한 적후추가 되고, 완숙한 열매를 말린 후 물에 담가 불려서 껍질을 벗겨내면 풍미가 순한 백후추가 된다.

그 밖의 이용 방법

후추는 예로부터 약으로 쓰였으며, 지금도 약이 되는 향신료라고 인식된다. 한방에서는 위장 기능 강화, 식욕 증진, 장내 가스 배출 등에 사용하며, 상쾌한 향과 매운맛이 혀를 자극해서 소금을 적게 넣어도 만족감을 얻을 수 있으므로 병원에서 입원 환자에게 제공하는 저염 식단에도 도움이 된다.

▼ 약용으로는 자극이 적은 백후추가 쓰인다.

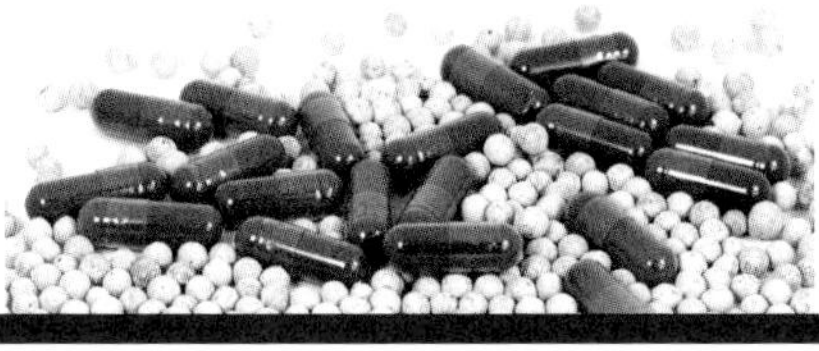

33

POPPY SEED

양귀비 씨

톡톡 터지는 식감이 재미있는
앙증맞은 향신료

▶ 말린 양귀비 꼬투리와
파란양귀비 씨

양귀비 씨는 이름 그대로 양귀비 씨앗을 이용하는 향신료다. 지름이 1mm 정도로 참깨보다 작은 씨앗은 톡톡 터지는 식감이 특징이며 가열하면 견과류처럼 고소한 향이 난다. 산지에 따라 두 종류로 나뉘는데, 하얀색이 도는 아시아산은 흰양귀비 씨(White poppy seed), 청회색이 도는 유럽산은 파란양귀비 씨(Blue poppy seed)라고 불린다. 풍미에 큰 차이가 없어 유럽에서는 둘 다 널리 사용된다.

양귀비의 덜 익은 꼬투리에 상처를 내면 유액이 배어 나오는데, 이 유액을 말리면 마약인 아편(모르핀)이 된다. 상당히 오랜 옛날부터 아편을 얻기 위해 양귀비를 재배했다는 기록이 남아있지만 씨앗에는 마약 성분이 없으므로 향신료로 먹는 정도로는 문제가 없다.

선홍색 꽃은 관상용으로도 인기가 높다. 씨앗을 제외한 대부분의 부위에 독성이 있어 몇몇 나라에서는 양귀비 재배를 금지하고 있는데, 한국 역시 관상용 재배만 허용하고 있다. 유럽에서는 양귀비꽃의 붉은색을 전쟁터에서 쓰러진 전사들의 피가 물든 것이라고 여겨 예로부터 영웅을 기리는 상징으로 생각했다.

DATA

- 학명: *Papaver somniferum*
- 과명: 양귀비과 / 일년초
- 기타 명칭: 양귀비 열매
- 원산지: 유럽 남동부, 지중해 연안 일대 등
- 이용 부위: 씨앗
- 용도: 요리, 수공예 등
- 효능: 장내 환경 개선, 기침 완화, 피부 미용, 통증 완화, 콜레스테롤 저하 등

▲ 파란양귀비 씨(왼쪽)와 흰양귀비 씨(오른쪽).
풍미는 크게 차이나지 않는다.

특징

특유의 고소한 풍미와 톡톡 터지는 식감이 특징이다. 가열하면 향이 늘어나므로 버터 등과 함께 고온에서 구우면 한결 더 고소해진다.

효능 및 효과

칼슘, 철분, 마그네슘 등 미네랄이 풍부해서 골다공증과 빈혈을 예방한다. 또 장 기능을 향상시켜 피부를 매끄럽게 하므로 특히 여성에게 좋다. 그밖에도 뇌 기능을 높여주는 효과가 있다.

어떤 요리에 사용할까?

【왼쪽】 양귀비 씨를 듬뿍 넣은 오렌지 케이크 【오른쪽】 폴란드의 전통 크리스마스 케이크인 마코비에츠(Makowiec). 양귀비 씨와 오렌지 껍질, 견과류를 섞어 만든 크림을 빵 반죽으로 돌돌 말아서 구워낸다.

양귀비 씨는 요리에 고소한 풍미를 더해준다. 볶으면 풍미와 식감이 좋아져서 빵, 쿠키, 비스킷, 케이크 등을 구울 때 사용되며, 샐러드나 카나페 등에 향을 더하는 용도로 쓰이기도 한다. 일본에서는 팥빵의 도핑이나 혼합 향신료인 시치미의 재료로 쓰인다. 양귀비 씨 가루는 푸딩이나 카레 가루 등에 사용된다. 특히 유럽에서는 양귀비 씨 페이스트를 슈톨렌(Stollen) 등 전통 과자의 속 재료로 사용한다.

COLUMN

마약의 원료인 양귀비

양귀비과 식물은 대단히 오래전부터 재배되었으며 수많은 아종(亞種)과 품종이 존재한다. 그중에는 마취와 통증 완화 작용이 있어 의약품의 원료로 쓰이는 모르핀이나 코데인 등 '아편 알칼로이드'라고 불리는 성분이 많이 함유된 종류가 있다. 이들 성분은 통증을 동반하는 암의 통증 완화제 등으로 쓰이지만 잘못 사용하면 의존성이 강한 마약이 되므로 대부분의 나라에서는 재배와 사용을 법률로 엄격히 제한한다.

그 밖의 이용 방법

양귀비 씨는 유분이 풍부해서 씨를 짜서 만든 양귀비 씨 오일을 식용유나 비누, 유화 물감을 개는 기름 등으로 사용한다. 다만 식물성 기름 중에는 대단히 비싼 축에 속해서 요즘은 주로 유화용 기름으로 쓴다.

▲ 양귀비 씨 오일

34

SAFFRON

사프란

하나하나 손으로 수확하는
최고급 향신료

▲ 사프란 꽃과 사프란. 꽃송이마다 암꽃술 끝부분이 세 갈래로 갈라져 있다.

사프란이라는 이름은 노란색을 뜻하는 아랍어 자파란(zafaran)에서 유래했다. 실고추처럼 기다란 암꽃술을 말려서 사용하는데, 꽃 한 송이당 세 개씩 달린 암꽃술을 일일이 손으로 따야 하므로 수확하는 데 시간과 정성이 상당히 많이 든다. 그래서 가장 비싼 향신료로 유명하며 바닐라보다 10배, 카다몬보다 50배나 비싸다.

원래 서아시아가 원산지이지만 최초로 재배된 곳은 그리스로 추정되며 동지중해 지역 고대 문명의 기록에도 등장한다. 고대 그리스에서는 염료로 귀하게 여겼으며 사프란의 선명한 노란색은 왕족만이 사용할 수 있는 왕실의 색(Royal color)이었다.

중세에 들어서도 사프란은 값비싼 향신료이자 착색료였다. 그래서 유럽에서는 위조품이나 불순물이 섞인 물품이 나돌았는데, 그런 제품을 팔다가 발각된 사람은 화형을 포함한 극형에 처해졌다고 한다.

근대 들어 합성염료가 개발되면서 염료로는 가치가 없어졌지만 여전히 요리의 향이나 색을 내는 향신료로 애용되고 있다.

DATA

- 학명: *Crocus sativus*
- 과명: 붓꽃과 / 다년초
- 기타 명칭: 약용 사프란
- 원산지: 서남아시아, 지중해 연안
- 이용 부위: 꽃(암꽃술)
- 용도: 요리, 염료, 수공예, 미용 등
- 효능: 진정 작용, 여성 질환 예방, 땀 분비 촉진, 우울증 증세 완화, 노화 방지, 혈액 순환 촉진, 통증 완화 등

▲ 연보라색이 아름다운 사프란 꽃. 줄기가 길게 자라지 않아서 지면 가까이에 꽃이 핀다.

특징

향은 소독약과 비슷하며 맛은 씁쓸하다. 색을 내는 용도로 쓸 때는 사프란을 물에 녹여 노랗게 발색시킨 다음에 사용한다.

효능 및 효과

사프란의 노란색 색소 성분인 크로신(Crocin)은 중추 신경을 활성화하고 기억력을 증진시키는 효과가 있다. 예로부터 여성 질환에 효과적이라고 여겨서 갱년기 장애나 생리불순, 수족냉증, 생리통 등의 예방 및 개선에 사용되었다.

어떤 요리에 사용할까?

【왼쪽】스페인의 대표 요리인 파에야*
【오른쪽】스웨덴의 루세카테르(Lussekatter). 12월 13일 성녀 루시아의 날* 에 열리는 축제기간에 먹는 빵으로 사프란을 넣은 노란색 반죽을 S자 모양으로 만들고 건포도를 장식해 굽는다.
【아래】사프란 나바트(Nabat). 사프란을 넣어 굳힌 설탕으로, 이란에서 홍차를 섞을 때 사용한다.

색만 내고 싶을 때는 강황이나 잇꽃으로도 대신할 수 있지만 사프란의 고급스러운 향은 그 무엇으로도 대신할 수 없다. 독특한 향이 해산물 요리와 잘 맞아서 스페인의 파에야나 남프랑스의 부야베스* 등에는 사프란이 꼭 들어간다. 그밖에도 영국의 사프란 케이크 같은 베이킹이나 프랑스의 샤르트뢰즈(Chartreus) 같은 리큐어에도 사용된다. 사프란의 색소 성분은 기름에 녹지 않지만 물에 녹이면 선명한 노란색과 향을 즐길 수 있다. 요리를 마무리할 때 사프란을 사용하면 향이 사라지지 않아 더욱 효과적이다.

그 밖의 이용 방법

터키를 비롯한 세계 여러 나라에서는 사프란에 뜨거운 물을 부어 만든 차(茶)를 즐겨 마신다. 사프란 티는 체내의 독소를 배출하는 해독 효과가 있으며 만성 피로나 고혈압, 콜레스테롤 등의 증상에도 효과가 있다.

▲ 사프란 티

COLUMN

사프란이 비싼 이유

사프란은 15~20일간의 개화 시기 동안 사람 손으로 하나하나 수확해야 한다. 꽃 한 송이에서 채취할 수 있는 양이 대단히 적어서 1kg을 수확하려면 약 17만 송이나 필요하다. 그래서 수많은 향신료 중에서도 월등히 비싼 가격에 거래된다.

현재 세계 사프란의 90%는 이란에서 생산되는데 그중에서도 이란 북동부 호라산 지역의 제품이 가장 품질이 뛰어나다.

* 파에야(Paella): 쌀과 고기, 해산물, 채소 등을 넣어 만든 스페인식 볶음밥
* 성녀 루시아의 날(Saint Lucia's day): 예수의 재림을 축하하고 로마 시대 때 두 눈을 잃고 순교한 성녀 루시아를 기리는 날
* 부야베스(Bouillabaisse): 어패류에 채소와 올리브유를 넣고 끓인 지중해식 해물 수프

35

SESAME

참깨

클레오파트라의 마음을 사로잡은
영양 만점의 자그마한 향신료

▶ 작은 씨앗에 엄청난 능력이 숨어 있다.

참깨는 먹는 알약이라고 불릴 만큼 영양가가 높은 향신료다. 최근 발굴 조사로 기원전 3500년경 인도에서 최초로 참깨를 재배했다는 사실이 밝혀졌으며, 기름을 짤 목적으로 재배된 식물 중에는 역사가 가장 길다.

고대 이집트에서는 식용, 등화용, 향료, 방부제로 사용됐으며 기원전 1550년경의 의학서 《에베르스 파피루스》의 기록에 따르면 약용으로도 쓰였다고 한다. 한국에는 중국을 통해 전해진 것으로 추측되며, 중국의 경우 아라비아 상인을 통해 참깨가 들어온 것으로 알려져 있다.

향이 나는 정유 성분이 거의 없으므로 엄밀히 말하자면 향신료 범주에 들어가지 않지만, 아몬드를 연상케 하는 은은한 향과 볶으면 늘어나는 고소한 향 덕분에 세계의 다양한 요리에 널리 쓰인다.

참기름은 피부를 매끄럽게 하는 효과가 있어 미용에 쓰이기도 한다. 세계 3대 미녀로 꼽히는 클레오파트라도 매끈한 피부를 유지하기 위해 참기름을 몸에 발랐다고 한다.

DATA

- 학명: *Sesamum indicum*
- 과명: 참깻과 / 일년초
- 기타 명칭: 호마(胡麻)
- 원산지: 메소포타미아, 인도, 이집트 등 여러 설이 있음
- 이용 부위: 씨앗
- 용도: 요리, 미용, 약용 등
- 효능: 혈액 순환 촉진, 장내 환경 개선, 피로 회복, 뼈 및 치아 강화, 노화 방지, 피부 및 머릿결 개선, 스트레스 완화 등

▲ 검은 참깨와 흰 참깨. 흰 참깨는 식재료의 풍미를 살려주는 부드러운 향이, 검은 참깨는 강하고 개성있는 독특한 향이 특징이다. 황금 참깨는 단맛과 향이 가장 강해서 고급 레스토랑 등에서 사용된다.

특징

흰 참깨, 검은 참깨, 황금 참깨가 식용으로 쓰이는데 향과 맛이 모두 미묘하게 다르다. 볶으면 특유의 고소한 향이 늘어나고 맛도 더 순해지면서 단맛이 느껴진다.

효능 및 효과

칼슘, 마그네슘, 철분 등 몸에 꼭 필요한 미네랄이 풍부하고 영양가가 아주 높다. 또 성분의 절반을 차지하는 불포화 지방산은 콜레스테롤 수치를 낮추고 착한 콜레스테롤을 늘리는 작용을 한다.

어떤 요리에 사용할까 ?

【왼쪽】 반죽에 참깨와 견과류를 넣어 구운 터키 과자 로쿰(Lokum).
【오른쪽】 유대교식 요리와 일부 아랍권 국가에서 많이 쓰이는 흰 참깨 페이스트 타히니(Tahini).
【아래】 유대인들이 안식일이나 축일에 먹는 빵 할라(Hallah). 양귀비 씨와 참깨를 토핑해서 굽는다.

유럽이나 아랍권에서는 양귀비 씨처럼 빵이나 케이크의 토핑으로 쓰거나 아랍의 전통 과자 할바(Halva) 등에 향을 내는 용도로 사용한다. 중국에서는 튀김옷에 넣거나 표면에 발라서 오돌토돌한 식감을 즐긴다. 참깨를 볶은 후 갈아서 기름과 섞어 만든 조미료 지마장(芝麻醬)은 탄탄면 등에 반드시 들어가는 재료다. 한국에서는 채소 무침이나 잡채 등 요리의 마지막에 맛과 모양을 내기 위해 넣는 경우가 많으며 다식이나 강정 등 빵이나 과자류에도 많이 사용된다.

COLUMN

'열려라, 참깨!'의 유래

참깨에 얽힌 말은 세계 여러 나라에 수도 없이 많지만, 그중에서 가장 유명한 문구는 '열려라, 참깨!'가 아닐까? 이는 '아라비안나이트'로 잘 알려진 8세기 무렵의 이슬람 설화집 《천일 야화》 중 〈알리바바와 40명의 도둑〉에서 도둑이 동굴을 열 때 외치는 주문인데, 거대한 돌문이 활짝 열리는 모습을 참깨 열매(사진)가 터지면서 씨가 알알이 쏟아지는 모습에 비유한 것으로 보인다.

그 밖의 이용 방법

참기름은 참깨를 압착해서 만드는데, 볶은 참깨로 만들어 갈색빛이 도는 볶은 참기름과 생참깨로 만들어 투명한 생참기름이 있다. 영양소가 풍부해서 조미료나 조리용 기름으로 쓰며 비누나 화장품, 마사지용 오일을 만들어도 좋다.

▲ 생참기름. 향이 옅어서 피부용으로 쓰기 좋다.

36

STARANISE

팔각

중국 요리에 없어서는 안 될
별 모양 향신료

▲ 팔각. 나무를 심은 지 6년 이상 지나야 열매가 열리기 시작하는데 그 후로 100년 넘게 열매가 맺힌다.

팔각은 중국 남부가 원산지인 상록교목으로 열매를 말려서 향신료로 사용한다. 중국을 대표하는 혼합 향신료인 오향 가루(우샹펀)의 주재료이고 중국 요리의 중심적인 역할을 하는 향신료이다. 영어 이름인 스타아니스는 별처럼 생긴 열매 모양과 아니스처럼 부드럽고 달콤한 향에서 유래했다. 한국과 일본, 중국에서는 회향(펜넬)과 향이 비슷하고 크기가 좀 더 커서 대회향(大茴香)이라고 부르거나 각이 여덟 개 있다고 해서 팔각(八角)이라고 부르기도 한다.

팔각은 원래 중국을 중심으로 한 원산지와 중국인들이 이주한 지역에서만 쓰였다. 하지만 16세기 후반 영국 선원들이 본국으로 가지고 돌아가면서 유럽에 전해졌고, 당시 유럽에서 최고급 향신료였던 아니스의 대용품으로 쓰였다고 한다. 최근 들어 유럽에서 이국적인 팔각 향이 다시 주목받으면서 프랑스 요리 등에도 많이 쓰이고 있다.

동양에서는 향신료 외에도 향불 등의 원료로 쓰였으며 지금도 한방에서는 위장약이나 감기약으로 사용된다. 또 정유는 비누와 화장품, 치약 등에 향을 내는 용도로 쓰인다.

DATA

- 학명: *Illicium verum*
- 과명: 붓순나뭇과(목련과)/상록교목
- 기타 명칭: 팔각회향, 스타아니스, 대회향
- 원산지: 중국 남부
- 이용 부위: 열매
- 용도: 요리, 약용, 수공예 등
- 효능: 소화 촉진, 염증 완화, 진정 작용, 수족냉증 개선, 체력 증진, 항암 효과, 혈액 순환 촉진 등

▲ 홍차에 몇 분 정도 팔각을 띄워서 향을 내면 평소와 사뭇 다른 이국적인 홍차를 즐길 수 있다.

특징

아니스나 펜넬을 떠올리게 하는 특유의 달콤한 향이 특징이다. 향이 아주 강하고 쓴맛과 떫은맛도 나므로 많이 넣지 않도록 주의한다.

효능 및 효과

팔각의 정유는 위장 혈관을 자극해 위장 기능을 촉진하며 혈액 순환을 원활하게 하는 효과가 있어서 수족냉증이나 감기 등으로 체력이 떨어졌을 때 먹으면 좋다. 다만 과다 섭취를 삼가고 특히 임신 중에는 사용을 피한다.

어떤 요리에 사용할까?

【왼쪽】 행인두부* 특유의 향은 팔각에서 나오는 것이다.
【오른쪽】 돼지고기 조림인 동파육. 팔각으로 향을 낸 중국 항저우 지방의 향토 음식으로 중국 북송(北宋)의 문인이자 뛰어난 미식가였던 소동파(蘇軾)가 고안했다고 전해진다.
【아래】 팔각을 넣은 시럽에 서양배를 넣고 졸여서 만든 디저트.

팔각은 중국 요리에서 중요한 역할을 하는 혼합 향신료인 오향 가루의 주재료다. 또 닭고기나 오리고기를 사용한 요리에 자주 쓰이며, 향이 강해서 돼지 간이나 민물고기 등의 냄새를 잡는 용도로 쓰이기도 한다. 산초, 사천 후추, 고추와 함께 사천요리에 빠지지 않는 향신료다. 유럽에서는 페이스트리나 잼처럼 달콤한 음식이나 리큐어 등의 향을 내는 데 많이 사용된다. 다만 향이 대단히 강하므로 사용법에 익숙해질 때까지는 통팔각을 작게 쪼개서 소량씩 쓰는 것이 좋다.

COLUMN

팔각이 인플루엔자 치료제라고!?

시킴산(Shikimic acid)은 팔각에 함유된 성분 중 하나인데, 인플루엔자 치료제인 타미플루에는 시킴산을 10회 정도 화학 반응시키면 생성되는 오셀타미비어(Oseltamivir)라는 성분이 합성 원료 중 하나로 사용된다. 다만 오셀타미비어와 시킴산은 성분이 전혀 달라서 팔각을 요리에 넣어 먹은들 인플루엔자에는 아무런 효과도 없으니 주의하자.

그 밖의 이용 방법

팔각은 수많은 향신료 중에서도 특히 모양이 예뻐서 장식용으로 인기가 높다. 그래서 서양에서는 디저트를 장식하는 데 많이 쓰고 크리스마스 시즌에는 트리나 화환 등을 꾸미는 장식품으로도 인기가 높다.

▲ 향신료를 쌓아 만든 미니 크리스마스트리

* 행인두부(杏仁豆腐): 살구씨와 우유, 젤라틴, 설탕 등을 넣어 만든 중국식 젤리

37

SUMAC

수막

과일처럼 새콤한 맛이 특징인
새빨간 향신료

▶ 숙성시킨 열매를 말린 후 가루를 내어 사용한다.

옻나무과 다년생 관목은 250종이 넘지만 중동산과 북미산 2종만이 향신료로 쓰인다. 그중 하나인 수막은 선명한 빨간 열매가 맺히는 관목으로 원생지는 중동과 근동 일대다. 새콤한 맛이 나는 열매가 이삭처럼 열리는데, 이 열매를 말려서 통으로 또는 가루를 내어 향신료로 사용한다. 과일처럼 새콤한 맛이 특징인 수막은 유럽에서는 레몬즙이나 식초처럼 쓰인다. 특히 레바논에서는 집집마다 떨어지지 않게 챙겨둘 정도라고 한다. 고대 로마에서는 유럽 식탁에 레몬이 등장하기 전까지 수막으로 요리에 신맛을 냈다는 문헌이 남아 있을 만큼 역사가 길다. 또 북아메리카 원주민은 수막의 근연종* 인 루스 글라브라(Rhus glabra)라는 나무의 빨간 열매를 물에 타서 음료로 즐겼다고 한다.

풍미는 일본식 매실장아찌인 우메보시(梅干し)와 비슷하고 맛은 상큼한 신맛과 적당한 떫은맛이 난다. 레바논과 시리아에서는 비린내를 없애기 위해 생선에 뿌리거나 샐러드 드레싱으로 쓰는 경우가 많다.

DATA

- 학명: *Rhus coriaria*
- 과명: 옻나뭇과 / 낙엽성 관목
- 기타 명칭: 옻
- 원산지: 중근동
- 이용 부위: 열매
- 용도: 요리, 약용 등
- 효능: 항산화 작용, 장내 환경 개선, 항균 작용 등

* 겉모습은 크게 다르지만 생물 분류 계통상으로는 관계가 가까운 종류

특징

수막은 말리면 진한 벽돌색이 나므로 요리에 신맛뿐 아니라 색채까지 더해준다. 신맛은 자극적이지 않아서 뒷맛이 깔끔하다.

효능 및 효과

수막은 폴리페놀과 비타민 C가 풍부하고 항산화 작용이 탁월하다. 수렴 작용을 하며, 약리적으로도 이용 가치가 높은 타닌(Tannin)이 들어 있어서 장내 환경 개선을 목적으로 처방되기도 한다.

어떤 요리에 사용할까?

【왼쪽】 중동과 중동 인근 지역에서 즐겨 먹는 시시 케밥* 【오른쪽】 수막 가루를 뿌린 후무스*

특색 있는 신맛이 고기와 채소의 맛을 한층 살려주므로 생선 요리와 잘 어울린다. 이란과 터키에서는 샐러드에 쓰는 경우도 많은데, 그중에서도 중근동에서 즐겨 먹는 샐러드인 파투시(Fattoush)에 반드시 들어간다. 렌틸콩과 양파를 요구르트에 버무린 다음 수막 가루를 섞어서 로스트 치킨의 속에 채워 넣어도 좋다. 또 시시 케밥이라는 에스닉 푸드에도 많이 쓰인다. 풍미가 우메보시와 비슷해서 의외로 간장과 궁합이 잘 맞는다. 요리에 수막만 넣으면 간단하게 이국적인 풍미를 즐길 수 있다.

▲ 팔레스타인의 닭요리인 무사칸*은 수막의 신맛이 돋보이는 이국적인 일품요리다.

COLUMN

파투쉬

파투쉬는 중근동 지역의 대표적인 그린 샐러드로 수막 드레싱과 피타* 빵, 신선한 채소를 넣어 만든다. 토마토와 오이, 양상추, 파프리카 등을 한입 크기로 잘라서 레몬즙, 올리브오일, 소금을 뿌리고 골고루 버무린 다음 구운 피타빵을 잘게 찢어 올리고 수막 드레싱을 뿌리면 완성이다. 채소는 취향에 맞게 선택하면 된다.

* 후무스(Houmous): 병아리콩을 으깬 후 올리브오일과 마늘 등을 곁들여 맛을 낸 중동 음식
* 시시 케밥(Shish kebab): 양념한 고기 조각이나 채소를 꼬치에 끼워서 석쇠에 구운 음식
* 피타(Pita): 이스트로 밀가루를 발효시켜 만든 둥그렇고 넓적한 빵
* 무사칸(Musakhan): 양파, 수막, 올스파이스, 사프란, 튀긴 잣, 올리브오일을 넣고 구운 닭고기를 후부스(Khubz)라는 넓적한 빵과 함께 먹는 팔레스타인 요리

SICHUAN PEPPER
사천 후추

사천요리에 없어서는 안 될
산초의 짝꿍

▲ 빨간색이 특징인 사천 후추. 중국어명인 화자오는 열매가 익으면 나무에 빨간 꽃이 핀 것 같다고 하여 붙여졌다.

사천 후추는 중국식 이름인 화자오(花椒)로 더 널리 알려졌다. 향신료로 쓰이는 열매 껍질은 산뜻한 향과 입이 얼얼할 만큼 매운맛이 있다. 사천요리는, 사천성의 후추라는 뜻을 가진 영어 이름 그대로 사천 후추의 혀가 마비되는 듯한 매운맛(麻味, 마웨이)과 고추의 입이 얼얼할 만큼 매운맛(辣味, 라웨이)을 합친 맵고 얼얼한 맛(麻辣味, 마라웨이)이 기본이다. 일본이 원산지인 산초와 같은 종류지만 사천 후추의 매운맛이 훨씬 더 강하다. 열매가 많이 맺혀서 중국에서는 예로부터 자손 번영의 상징으로 여겼고, 중국의 가장 오래된 시집인 《시경》(詩經)에도 사천 후추에 대해 읊은 시가 수록되어 있다.

DATA

- 학명: *Zanthoxylum bungeanum*
- 과명: 운향과 / 낙엽 관목
- 기타 명칭: 화자오, 화북산초
- 원산지: 동아시아
- 이용 부위: 열매껍질
- 용도: 요리, 약용 등
- 효능: 신경 안정, 통증 완화, 소화 촉진, 위장 기능 강화, 벌레 퇴치, 항균 작용 등

특징

입안이 저릴 만큼 강렬한 매운맛과 코가 뻥 뚫리는 듯 상쾌한 감귤향이 특징이다. 산지에 따라 풍미가 다르지만 중국 사천성에서 난 것이 특히 품질이 좋기로 유명하다.

어떤 요리에 사용할까?

중국에서는 마파두부와 탄탄면을 비롯해 다양한 요리에 사용하는데 보통 가루를 내어 요리가 끝날 무렵에 넣는다. 또 열매껍질을 기름에 절인 화자오유(花椒油)도 유명하다.

▶ 한국에서도 즐겨 먹는 마파두부

TAMARIND
타마린드

다양한 용도로 쓰이는
새콤달콤한 향신료

▲ 타마린드 열매. 원통형 콩깍지에 싸여 있는 과육을 향신료로 사용한다.

아프리카 열대 지역이 원산지인 타마린드는 콩깍지에 싸여 있는 과육을 향신료로 사용한다. 특히 인도와 동남아시아에서 많이 사용하는 까닭에 인디언 대추야자(Indian date)라고 불리기도 한다. 과육은 은은하게 달고 과일처럼 새콤하다. 구연산과 과당, 비타민이 풍부하고 피로회복과 장내 환경 개선에 효과가 있어서 예로부터 민간약으로 쓰이기도 했다. 생으로 먹는 종류도 있지만 보통은 과육을 물에 끓이거나 졸여서 블록이나 페이스트 상태로 만들어 향신료로 사용한다. 한국에서는 지명도가 낮은 편이지만, 요리에 신맛이나 걸쭉함을 더하는 용도로 쓰거나 시럽이나 음료로 즐기는 등 다양하게 활용할 수 있는 향신료다.

특징

끈적끈적한 과육과 씨앗을 땅콩 꼬투리처럼 얇은 껍질이 둘러싸고 있다. 과육의 맛은 새콤달콤하고 식감은 부드러우면서도 끈적거린다.

어떤 요리에 사용할까?

인도에서는 카레나 스튜, 처트니* 등에 사용한다. 태국에서는 똠얌꿍에 넣고, 베트남에서는 과자 재료로 쓰거나 다메*라는 주스를 만들어 먹는 등 나라마다 조리법도 다양하다.

* 처트니(Chutney): 과일과 채소, 식초, 설탕, 향신료를 넣고 졸인 인도의 소스

* 다메(Da me): 베트남어로 'da'는 얼음, 'me'는 타마린드를 뜻한다.

▼ 타마린드 소스로 만든 태국의 새우볶음 요리

DATA

- 학명: *Tamarindus indica*
- 과명: 콩과 / 상록교목
- 기타 명칭: 인디언 대추야자
- 원산지: 열대 아프리카
- 이용 부위: 과육
- 용도: 요리, 약용
- 효능: 장내 환경 개선, 소화 촉진, 장내 가스 배출, 피로 회복, 해열 작용, 식욕 억제 등

임신, 수유 중에는 사용을 피한다.

40

THYME
타임

상큼한 향이 나는
용기의 상징

▶ 타임 잎줄기. 성장하면 줄기 부분이 나무처럼 뻣뻣해진다.

타임은 꿀풀과 백리향속 식물의 총칭으로 종류가 무려 350여 종이나 된다. 보통은 남유럽이 원산지인 커먼 타임(Common thyme, 선백리향)을 타임이라고 부르는 경우가 많다. 고대 그리스에서는 입욕제나 신전에 피우는 향불로 쓰였으며 타임의 기품 있고 상쾌한 향이 용기를 북돋아준다고 믿었다. 이 믿음은 중세 유럽까지 이어져, 여성들은 기사나 전사에게 타임 다발을 선물했으며, 악몽에 시달리지 않고 푹 자기 위해 베개 밑에 타임을 깔아두었다고 한다.

타임은 신화나 소설에도 자주 등장한다. 그리스 신화에서는 트로이 전쟁의 원인이 된, 스파르타 왕의 딸 헬레네의 눈물에서 생겨난 풀로 등장하고, 셰익스피어의 《한여름 밤의 꿈》에서는 타임이 우거진 강기슭이 요정의 여왕이 사는 곳으로 등장한다.

이처럼 유럽에서 고대부터 타임을 귀하게 여겼던 까닭은 냉장 및 냉동 기술이 없고 동양의 향신료도 전해지지 않았던 시절에 향이 강한 타임이 갖가지 상황에서 활약했기 때문이다.

DATA

- 학명: *Thymus vulgaris*
- 과명: 꿀풀과 / 상록관목
- 기타 명칭: 선백리향
- 원산지: 남유럽, 북아프리카, 아시아
- 이용 부위: 잎, 꽃, 줄기
- 용도: 요리, 차, 미용, 수공예 등
- 효능: 항균 작용, 살균 작용, 바이러스 예방, 방부 작용, 가래 제거, 소변 배출 촉진, 체력 증진, 근육 경련 완화, 피로 회복 등

특징

허브로 쓰이는 커먼 타임에는 방부제나 살균제로 쓰이는 티몰(Thymol)이라는 성분이 들어 있어서 독특하고 상쾌한 향과 씁쓰레한 맛이 난다.

효능 및 효과

허브 중에서 으뜸이라 할 만큼 살균력과 항바이러스 작용이 강하다. 또 가래를 제거해 기관지염을 예방하며 피로 회복과 불안, 우울 증세 개선에도 효과가 있다.

어떤 요리에 사용할까?

【왼쪽】 레몬과 타임을 곁들여 상큼한 맛이 있는 통닭구이 【가운데】 타임, 치즈, 다진 고기 등을 토핑으로 올려 굽는 레바논의 납작한 빵 마나키시(Manakish) 【오른쪽】 서양배와 타임을 넣어 구운 타르트 타탱(Tarte tatin, 프랑스식 타르트)

유럽 각지의 요리에서 타임의 존재감은 막강하다. 상큼한 향과 쌉쌀한 풍미는 고기 요리와 생선 요리는 물론 클램차우더*나 드레싱까지 각양각색의 요리에서 제 역할을 톡톡히 해낸다. 빵 반죽이나 버터에 섞어 향을 내거나, 기름이나 식초에 절여 허브 오일 또는 허브 식초로 쓰기도 한다. 특히 프랑스 요리에서 고기나 생선으로 부용을 만들 때 쓰는 부케 가르니*에는 반드시 들어가는 허브다.

COLUMN

타임 키우기

타임은 배수가 잘되는 토양과 볕이 잘 드는 장소에서 잘 자란다. 건조에 강하므로 물은 땅 표면이 말랐을 때 주는 정도면 충분하다. 겨울에는 성장이 더뎌서 시든 것처럼 보이기도 하지만 이듬해 봄이면 다시 싹을 틔운다. 요리에 사용하려면 꽃이 피기 전에 잎줄기를 수확한다. 꽃이 펴도 관상용으로 즐길 수 있다. 또 꺾꽂이와 포기나누기로 번식시킬 수 있으므로 화분이 비좁아지면 포기를 나누어 다른 화분에 옮겨 심으면 된다.

그 밖의 이용 방법

타임 티는 알싸한 풍미와 함께 희미하게 느껴지는 매운맛이 특징이다. 향이 거북한 경우는 다른 허브나 홍차와 섞으면 마시기 편해진다. 특히 목이 아프거나 감기 초기 증상이 있을 때 타임 티로 입안을 헹구면 도움이 된다.

▲ 타임 티

* 클램차우더(Clam chowder): 조갯살과 양파, 감자, 베이컨 등을 넣고 끓인 수프

* 부케 가르니(Bouquet garni): 여러 종류의 허브를 다발로 묶은 것

41

TURMERIC

강황

인도 문화와 관련이 깊은
황금색 향신료

▲ 강황의 잎줄기와
뿌리줄기

▶ 말린 강황과 강황 가루

강황은 생강처럼 뿌리줄기를 이용하고 생김새 또한 생강과 비슷하다. 남아시아 요리에 특히 자주 쓰인다. 울금이라고도 하는데 차이점이 있다면, 울금은 덩이뿌리를, 강황은 뿌리줄기를 사용해 건조한 것이다. 한국의 경우 울금이 시중에 더 많이 판매된다. 원산지인 인도에서는 기원전 10세기 솔로몬 왕 시절부터 재배되었으며, 인도의 전통 의학인 아유르베다뿐 아니라 요리와 노란색 염료의 원료로도 널리 사용되었다.

이후 메소포타미아를 거쳐 팔레스타인 지역으로 전해졌고, 기원전 8~7세기에는 사프란과 함께 노란색 착색료로 쓰였다는 기록이 남아 있다. 베네치아 상인이자 모험가였던 마르코 폴로(Marco Polo)는 여행지에서 강황을 발견하고 "종류는 다르지만 색깔이 사프란과 비슷해서 사프란 대신에 사용하기에 충분하다"는 기록을 남겼다.

한국에서는 전남 진도에서 최초로 재배되어 널리 퍼졌으며, 주로 한약재로 사용된다. 최근에는 착색제나 숙취 해소 음료 등의 재료로 쓰이기도 한다.

DATA

- 학명: *Curcuma longa*
- 과명: 생강과 / 다년초
- 기타 명칭: 터메릭, 울금
- 원산지: 인도, 열대 아시아
- 이용 부위: 뿌리줄기
- 용도: 요리, 염료, 약용, 차 등
- 효능: 간 기능 강화, 위장 기능 강화, 항산화 작용, 소화 촉진, 혈액 순환, 햇빛 그을림 방지, 암 예방, 노화 방지, 피부 미용 등

▲ 가을에 하얀 꽃이 피는 울금. 진한 오렌지색이 특징이며 주로 식용으로 쓰인다.

◀ 봄에 분홍색 꽃이 피는 강황. 주로 약용으로 쓰인다.

특징

노랗게 착색되는 성질이 있으며 오렌지와 생강을 섞어 놓은 듯 자극적이면서도 상쾌한 향과 독특한 흙내가 특징이다. 품종이나 수확 시기에 따라 풍미와 성분도 달라진다.

효능 및 효과

노란색 색소 성분인 쿠르쿠민(Curcumine)은 간의 해독 능력을 강화하고 항산화 작용을 한다. 담즙 분비를 촉진해 간 기능 장애를 예방하며, 콜레스테롤 수치를 낮춰준다. 항산화 작용으로 인한 노화 방지와 암 예방에도 효과적이다.

어떤 요리에 사용할까?

【왼쪽】 강황, 버터, 소금, 말린 월계수 잎을 넣어 지은 강황밥. 인도에서는 카레와 함께 먹는다.
【가운데】 강황으로 색을 낸 브로콜리 피클 【오른쪽】 강황 드레싱으로 색채를 더한 샐러드

혼합 향신료인 카레 가루의 주재료 중 하나이며, 쌀에 강황을 넣어 강황밥을 짓거나 밥에 강황과 고기, 새우 등을 넣고 볶아 강황 필라프로 즐길 수도 있다. 맛과 향이 거의 없어서 향미료보다는 착색료로 쓰이는 경우가 많다. 일본에서는 단무지에 색을 내는 용도로, 유럽에서는 사프란을 대신해 치즈나 버터에 색을 내는 용도로 쓰인다. 맛도 향도 무난하고 호불호가 갈리지 않아 요리에 폭넓게 활용할 수 있다.

COLUMN

온몸이 황금색인 신랑신부!?

인도의 전통 의학인 아유르베다와 힌두교에서는 강황이 사악한 것을 물리치는 마력이 있다고 믿어서 신성한 식물로 여긴다. 그래서 의식이 있을 때는 부적 삼아 강황으로 물들인 옷을 입으며, 신랑신부는 결혼식 1주일 전부터 온몸에 강황을 발라서 몸을 정화한다. 또 강황 팩은 미백 효과나 뾰루지 완화 등 피부 미용에 좋아서 옛날부터 인도 여성들의 사랑을 톡톡히 받았다.

그 밖의 이용 방법

따뜻한 성질을 가진 강황은 옛날부터 약용으로 쓰였다. 혈액순환을 촉진하고 어혈을 없애 생리불순이나 통증완화에 좋다. 감기 기운이 있을 때 강황을 달인 차를 마시면 회복에 도움이 된다.

▲ 강황차

42

TARRAGON
타라곤

프랑스 요리에서 중요한 역할을 하는 미식가의 허브

쑥의 근연종인 타라곤은 아니스와 비슷한 향이 감도는 향신료다. 영어 이름인 타라곤은 '작은 용'을 뜻하는 프랑스어 이름 에스트라곤(Estragon)에서 유래했다.

요리의 맛을 극적으로 변화시킨다고 해서 '마법의 용'이나 '미식가의 허브'라고 불리기도 하며 프랑스 요리의 중심을 차지하는 중요한 존재다. 크게 프렌치 타라곤(French tarragon)과 러시안 타라곤(Russian tarragon)으로 나뉘는데, 요리에는 보통 향이 좋은 프렌치 타라곤을 사용한다. 그리스에서는 기원전 500년 무렵부터 약초로 재배했고, 고대 그리스 의사 히포크라테스는 뱀이나 미친개에게 물렸을 때 해독용으로 썼다고 한다.

DATA

- 학명: *Artemisia dracunculus*
- 과명: 국화과 / 다년초
- 기타 명칭: 에스트라곤
- 원산지: 러시아 남부, 중앙아시아, 서북부 아메리카, 남유럽
- 이용 부위: 잎
- 용도: 요리, 차, 약용 등
- 효능: 소화 촉진, 통증 완화, 장내 환경 개선, 입 냄새 방지, 장내 가스 배출, 노화 방지, 냄새 제거, 산화 방지, 살균 작용 등

특징

아니스를 연상케 하는 달콤한 향과 매콤하면서도 쌉쌀한 맛에 더해 셀러리 향도 난다. 타라곤 허브티는 불면증에 효과적이라고 알려져 있다.

어떤 요리에 사용할까?

피클이나 샐러드 드레싱에 많이 쓰이며 에스카르고(Escargot, 식용 달팽이) 요리에는 빠지지 않는 식재료다. 고기나 생선의 냄새를 제거하고 버터나 크림 등의 느끼함을 잡아주는 효과도 있다. 타라곤 잎을 식초나 오일에 몇 주 동안 절여 향이 배게 한 후 샐러드 드레싱 등으로 써도 좋다.

▶ 타라곤 식초

임신, 수유 중에는 사용을 피한다.

VANILLA
바닐라

전 세계에서 사랑받는
달콤하고 그윽한 향신료

◀ 바닐라 꼬투리와 바닐라빈. 사용할 분량만큼 길이를 자르고 칼집을 넣어 벌린 다음 씨를 발라내서 사용한다.

바닐라는 아이스크림 향의 대명사로 전 세계에서 사랑받는 향신료다. 원산지인 멕시코에서는 오래전부터 약이나 카카오 음료에 향을 내는 데 사용했다. 아스테카(Azteca)족 황제는 귀한 손님에게 쇼콜라트르(Chocolatre)라는, 바닐라를 넣은 카카오 음료를 대접했다고 한다.

16세기 멕시코를 정복한 스페인이 바닐라와 함께 이 음료를 갖고 돌아가자 유럽 각국의 귀족과 대부호들 사이에서 순식간에 크게 유행했다. 바닐라라는 이름은 '꼬투리'를 의미하는 스페인어 '바이나'(vaina)에서 유래한 것이다.

바닐라는 17세기에 들어서면서 아이스크림과 과자, 담배의 향료 등으로 쓰였지만 생산은 19세기까지 멕시코에서 독점했다. 1874년에 바닐라의 향 성분인 바닐린(Vanillin)을 인공 합성하는 데 성공하면서부터 합성 바닐린이 바닐라를 제치고 대중적으로 쓰이게 되었다. 하지만 향은 천연 바닐라가 압도적으로 풍성해서 지금도 매우 비싼 가격에 거래된다. 그래서 마다가스카르 등의 바닐라 산지에서는 바닐라가 여전히 중요한 산업으로 자리매김하고 있다.

DATA

- 학명: *Vanilla planifolia*
- 과명: 난초과 / 덩굴성 다년초
- 원산지: 멕시코, 중앙아메리카
- 이용 부위: 씨앗(꼬투리)
- 용도: 요리, 미용 등
- 효능: 통증 완화, 장내 환경 개선, 진정 작용, 성욕 촉진, 우울증 증세 완화, 체력 증진, 감염 방지, 생리 촉진 등

▲ 바닐라 꽃과 꼬투리. 씨를 발라내지 않고 꼬투리째 우유 등에 넣고 함께 끓여서 향을 내기도 한다.

특징

갓 딴 꼬투리는 아무 향도 나지 않지만 발효와 건조를 거치면 녹색에서 진갈색으로 변하고 바닐린 성분이 달콤하고 진한 향을 내게 된다.

효능 및 효과

바닐라에 들어있는 리날로올(Linalool)이라는 성분은 마음을 가라앉히거나 기분을 좋아지게 하는 효과가 있으며, 감염을 방지하고 장내 환경을 정돈해주는 효과가 있다. 또 페난트렌(Phenanthrene)이라는 성분은 강장 작용이 있어서 다양한 신체 기능을 향상시켜 준다.

어떤 요리에 사용할까?

【왼쪽】 바닐라빈으로 향을 더한 복숭아 잼 【가운데】 아몬드와 벌꿀을 토핑으로 올린 바닐라 아이스크림
【오른쪽】 크렘 브륄레.* 바닐라빈을 넣으면 향이 더욱 풍성해진다.

바닐라는 아이스크림이나 푸딩 등에 특유의 달콤한 향을 내는 재료로 쓰이며, 파운드케이크나 시폰케이크, 홍차나 커피 등에도 사용된다. 향 성분을 알코올에 녹인 바닐라 에센스나 기름에 녹인 바닐라 오일, 바닐라빈을 알코올에 담근 바닐라 추출물 등 간편하고 저렴한 제품도 있지만, 바닐라 본연의 향을 원한다면 천연 바닐라빈을 추천한다.

COLUMN

향을 끌어내는 큐어링

갓 딴 바닐라 꼬투리(사진)는 아무 향도 없어서 향을 끌어내려면 큐어링(curing)이라는 발효 건조 작업을 거쳐야 한다. 숙성되기 전에 꼬투리를 채취해 뜨거운 물에 담갔다가 식기 전에 천으로 감싸서 나무 상자에 넣고 이틀 정도 기다린다. 그 후 낮에는 햇빛에 말리고 밤에는 다시 천으로 감싸는 공정을 몇 주 동안 반복하면 꼬투리가 갈색으로 변하면서 달콤한 향이 나게 된다. 천연 바닐라가 비싼 이유는 이렇듯 가공하는 데 시간과 정성이 많이 들기 때문이다.

그 밖의 이용 방법

바닐라의 향 성분에는 짜증이나 흥분 등 신경계의 과활성화를 억제하는 효과가 있다. 또 달콤하고 그윽한 향 자체에 긴장을 완화하는 효과가 있어서 향수나 디퓨저 등에도 많이 쓰인다. 다만 바닐라 정유는 피부에 자극을 주므로 살에 직접 닿지 않게 주의해야 한다.

▲ 바닐라 정유

* 크렘 브륄레(Crème brûlée): 차가운 크림 커스터드 위에 설탕을 얇게 뿌리고 토치 등을 이용해 얇고 바삭한 캐러멜 토핑을 만든 프랑스의 디저트

WATER DROPWORT
미나리

특유의 상큼함으로
봄철 입맛을 돋우는 향 채소

▶ 손질한 미나리

한국 전역을 비롯해 중국과 동남아시아 지역에서 볼 수 있는 미나릿과 다년생 풀. 크게 물미나리와 돌미나리로 구분한다. 물미나리는 줄기가 길고 잎이 연한 편으로, 주로 논에서 재배되어 논미나리로도 불린다. 돌미나리는 습지나 계곡 등에 야생하는 것으로 줄기가 짧고 잎사귀가 많으며 물미나리보다 향이 강하다.

미나리는 비타민A, B1, B2, C와 칼륨, 무기질과 섬유질이 풍부한 알칼리성 식물로, 혈액을 맑게 하고 해독 및 해열 작용에 탁월하다. 또 미나리의 정유 성분인 이소람네틴과 페르시카린은 염증을 억제하고 알코올을 분해해 숙취 해소에 도움이 된다. 다만 미나리의 강한 향이 위를 자극할 수 있으므로 소화성 궤양 환자는 섭취 시 주의한다.

DATA

- 학명: *Oenanthe javanica* DC.
- 과명: 미나릿과 / 다년초
- 기타 명칭: 수근채, 야근채, 근, 개미나리, 돌미나리
- 원산지: 온대 북부 일부 지역(한국, 중국), 동남아시아
- 이용 부위: 잎, 줄기
- 용도: 요리, 약용 등
- 효능: 피로해소, 일사병 예방, 피부미용, 간질환 및 고혈압 완화 등

특징

씹었을 때 느껴지는 특유의 향긋함과 부드러운 식감이 특징으로, 주로 줄기와 잎을 식용하지만 한국에서는 대부분 잎은 떼고 줄기만 먹는다.

어떤 요리에 사용할까?

살짝 데쳐서 나물이나 미나리강회로 먹으면 특유의 향과 맛을 즐길 수 있다. 탕이나 찜, 볶음 등의 요리에 향미 채소로 활용하면 잡내나 비린내를 제거할 수 있다.

▶ 미나리를 얹은 동태찌개. 생선의 비린내를 잡아준다.

45

WASABI

고추냉이

코를 톡 쏘는 매운맛이 특징인
일본에서 탄생한 향신료

▲ 고추냉이 재배 풍경

◀ 고추냉이의 뿌리줄기와 강판에 간 고추냉이. 상어 가죽으로 만든 강판에 갈았을 때 가장 맛이 좋다.

일본을 대표하는 향신료인 고추냉이는 자극이 강하고 향미가 독특한 편이다. 물이 깨끗한 산골짜기의 시냇가에 자생한다.

잎과 꽃도 식용으로 먹지만 향신료로는 뿌리줄기를 이용한다. 생뿌리를 깨끗이 씻어서 곱게 갈면 코가 뻥 뚫릴 듯한 매운맛이 강해져서 초밥을 비롯한 일본 요리에 많이 쓰인다. 갓 갈은 고추냉이가 향과 맛이 가장 좋은데, 고추냉이의 풍미와 향미는 휘발성이 강해서 시간이 지나면 사라진다. 따라서 사용하기 직전에 필요한 만큼만 갈아서 먹는 것이 가장 좋다. 일반 가정에서는 사용하기 간편한 튜브 형태의 고추냉이나 가루 고추냉이를 쓰는 경우가 많다.

전 세계적으로 일식의 인기가 높아지면서 해외에서도 고추냉이를 흔히 접할 수 있지만, 외국에서는 호스래디시(horseradish)를 사용하는 경우가 많으며 고추냉이와 맛이 비슷하지만 분류상으로는 전혀 다른 종류다.

DATA

- 학명: *Wasabia japonica* (*Eutrema japonicum*)
- 과명: 십자화과 / 다년초
- 기타 명칭: 와사비, 일본 호스래디시
- 원산지: 일본
- 이용 부위: 뿌리, 줄기, 잎, 꽃
- 용도: 요리, 미용 등
- 효능: 살균 작용, 항균 작용, 식욕 증진, 소화 촉진, 항암 효과 등

▲ 갓 갈아낸 고추냉이가 향도 맛도 가장 좋다.

특징

휘발성의 매운맛 성분이 함유되어 코끝이 찡해지는 독특한 매운맛과 시원한 향이 난다. 세균 번식을 억제하는 항균 작용이 있어서 식중독을 예방하는 효과가 있다.

효능 및 효과

항균 작용과 균의 번식을 억제하는 작용이 뛰어나서 생으로 먹는 음식에 사용하면 좋다. 또 생선 등의 비린내를 없애서 식욕을 증진시키고, 독특한 향과 매운맛이 위를 자극해 소화를 도와준다.

어떤 요리에 사용할까?

【왼쪽】 파와 고추냉이는 소바에 빠지지 않는 양념이다. 【오른쪽】 일본 이시카와 현 가나자와 시의 향토 요리인 지부니. 밀가루를 입힌 오리고기와 밀기울, 표고버섯, 채소 등을 넣고 걸쭉하게 졸인 요리로 고추냉이와 함께 먹는다.

뿌리줄기는 먹기 직전에 갈아서 회, 초밥, 소바 등에 곁들여 먹는 경우가 많다. 로스트비프나 샐러드 드레싱에 추가하면 서양 요리와도 잘 어울린다. 잎과 꽃은 데치거나 튀기면 고추냉이 특유의 풍미를 즐길 수 있고 잎과 줄기는 간장에 절이거나 조리면 오래 두고 술안주로 즐길 수 있다. 고추냉이를 채 쳐서 얇게 만 고추냉이 초밥은 겉보기와 다르게 그리 맵지 않다.

COLUMN

호스래디시

서양의 고추냉이라고도 불리는 호스래디시는 동유럽이 원산지인 십자화과 식물이다. 매운맛이 강하고 하얀색을 띠며 비프스테이크에 곁들여 먹는다. 고추냉이와 달리 재배하기 쉬워서 뿌리를 흙에 묻으면 싹이 튼다. 뿌리를 말려 가루 낸 것은 튜브형 고추냉이나 페이스트형 고추냉이의 원료로 쓰이기도 한다.

▲ 마요네즈를 섞어 만든 고추냉이 소스와 흰살 생선, 토마토를 바게트에 얹은 요리.

Column

고추의 매운맛

▲ 모양도 색도 다양한 고추

고추란 중남미가 원산지인 가짓과 고추속 식물의 열매를 통틀어 부르는 명칭이다. 고추의 품종은 셀 수 없이 많은데 색도 모양도 가지각색이다. 맵다는 이미지가 강하지만 파프리카처럼 전혀 맵지 않은 종류도 있고 매운맛도 품종마다 천차만별이다.

고추의 매운 정도를 나타내기 위해 스코빌 지수(Scoville scale)를 사용하는데, 스코빌 지수란 고추 진액의 매운맛이 느껴지지 않으려면 설탕물을 몇 배로 희석해야 하는지를 나타내는 수치다. 원래는 사람이 직접 맛을 봐서 측정했는데 개인의 주관이 개입되어 기준이 정확하지 않다는 이유로 최근에는 캡사이신의 양을 기계로 측정한다. 스코빌 지수는 같은 품종이라도 계통이나 생육지의 기후와 토양에 따라 열 배 이상 차이가 나는 일이 흔하다. 세계에서 가장 매운 고추의 기록이 자주 바뀌는 이유는 그 때문이다.

※ = 약 30만 스코빌

트리니다드 스콜피언(Trinidad Scorpion)

카리브해에 위치한 트리니다드토바고가 원산지이며 트리니다드 스콜피언 품종 중 하나인 버치 테일러(Butch Taylor)는 2011년 세계에서 가장 매운 고추로 기네스 세계 기록에 올랐다. 스코빌 지수가 146만을 넘어서 맨손으로 만지면 손이 부어오를 만큼 자극이 강하다.

부트졸로키아(Bhut Jolokia)

북인도에서 방글라데시에 걸쳐 생산되며 아삼(Assam)어로 '티베트 고추'를 의미한다. 그런데 아삼어로 '티베트'와 '유령'은 둘 다 로마자 표기가 부트(Bhut)인데다가 먹으면 영혼이 빠져나갈 만큼 맵다고 해서 유령 고추(Ghost chili)라고 불리기도 한다. 열매 표면이 거칠고 울퉁불퉁하다는 특징이 있으며 스코빌 지수는 85만을 넘는다. 현지에서는 발효 죽순과 함께 돼지고기 찜의 맛을 내는 용도로 쓰인다.

하바네로(Habanero)

멕시코 유카탄반도가 원산지이며 감귤향과 강렬하고 자극적인 매운맛이 특징이다. 스코빌 지수는 평균 30만 정도지만 매운 것만 골라 개량한 품종인 레드 사비나(Red savina)의 스코빌 지수는 58만이나 된다. 칠리소스의 재료로 쓰이며 피클이나 살사소스를 만들 때 사용하기도 한다.

다카노츠메

일본을 대표하는 고추인 다카노츠메는 일본어로 '매의 발톱'을 의미하며 열매가 작고 끝이 뾰족하게 휜 모양이 매의 발톱을 연상시킨다고 해서 붙여진 이름이다. 스코빌 지수는 최고 12만 정도로, 가루를 내어 향신료로 쓰거나 쌀통에 넣어서 쌀벌레 퇴치제로 사용하기도 한다.

청양고추

한국에서 품종 개량된 고추로, 특유의 매운맛과 단맛으로 요리에 감칠맛을 더한다. 스코빌 지수는 4천~1만2천 정도로 한국의 다른 고추 품종에 비해 캡사이신이 많이 함유되어 있다. 비타민A, C와 미네랄, 베타카로틴 등 각종 영양소가 풍부하다.

과일 파프리카(Fruit Paprika)

일본 히로시마 현에서 품종 개량된 소형 파프리카의 일종이다. 이름에 걸맞게 과일처럼 달콤하고 카로틴과 비타민 등의 영양소가 풍부하다. 매운맛이 전혀 없어서 과일처럼 익히지 않고 샐러드 등으로 먹을 수 있다.

CHAPTER 2

세계의 혼합 향신료

여러 향신료를 조합해서 만드는 세계의 혼합 향신료. 직접 만들어 두었다가 요리에 다양하게 활용해보자!!

혼합 향신료 24종

01

PUDDING SPICE

푸딩 스파이스

영국의 크리스마스에
없어서는 안 될
달콤한 향이 나는
혼합 향신료

◀ 고수 씨(p.32)

▲ 시나몬(p.26)

▲ 메이스(p.58)

▲ 올스파이스(p.18)

▲ 푸딩 스파이스

▲ 정향(p.28)

◀ 육두구(p.58)

푸딩 스파이스는 단순히 '혼합 향신료'(Mix spice)라고도 불리는 영국의 달콤한 혼합 향신료다. 주로 영국의 전통 크리스마스 케이크인 크리스마스 푸딩에 사용된다. 푸딩이라고는 해도 일반적인 푸딩과 달리 진하고 향기로운 맛과 끈적끈적한 식감이 특징이다. 크리스마스 푸딩의 역사는 상당히 긴데, 중세 시대 크리스마스에 만들어 먹던 진한 수프, 또는 고기와 과일에 우유나 물을 붓고 죽처럼 끓인 음식인 포리지(Porridge)에서 유래했다고 전해진다. 16세기에는 영국의 크리스마스를 대표하는 케이크가 되었고, 지금은 크리스마스에 빼놓을 수 없는 디저트로 자리 잡았다.

집집마다 대대로 고유의 레시피가 전해져 내려와서 재료와 맛은 저마다 다르다. 푸딩 스파이스, 양주에 절인 건과일, 생빵가루, 밀가루, 달걀, 설탕, 견과류, 럼주, 쇠기름 등을 섞은 반죽을 오랜 시간 찌거나 삶은 후 1개월에서 몇 개월간 숙성시켜야 마침내 완성된다. 먹기 직전에 데워서 양주를 붓고 불을 붙이면 아름다운 푸른 불빛을 감상할 수 있다.

STUFF

- 시나몬 조각 작은 것: 1개
- 정향: 1큰술
- 메이스: 1큰술
- 육두구: 1큰술
- 고수 씨: 1큰술
- 올스파이스: 1큰술

만드는 법

1. 준비한 향신료를 모두 섞는다.
2. 모든 재료를 절구 등에 넣고 곱게 빻는다.
3. 완성되면 밀폐용기에 담아 습기가 적고 서늘한 장소에 보관하고 3~4개월 이내에 사용한다.

▼ 크리스마스 푸딩. 오랜 시간을 들여 크리스마스를 준비하는 것도 크리스마스를 즐기는 좋은 방법이다.

크리스마스 푸딩

RECIPE STUFF

- 박력분: 150g
- 생빵가루: 100g
- 베이킹파우더: 5g
- 버터: 200g
- 설탕: 150g
- 우유: 200cc
- 달걀: 큰 것 1개
- 푸딩 스파이스: 1큰술
- 럼주에 절인 혼합 건과일: 450g
  (건포도, 라즈베리, 견과류 등 취향에 맞게)

▲ 먹기 직전에 브랜드를 끼얹어 불을 붙이면 크리스마스 파티가 더욱 흥겨워진다.

02

HERBES DE PROVENCE

에르브 드 프로방스

프랑스 프로방스 지방의 가정의 맛

▲ 말린 타임(p.80)

▲ 바질

▲ 에르브 드 프로방스

▲ 라벤더

▲ 타라곤(p.84)

▲ 월계수(p.52)

▲ 세이지(p.30)

▲ 세이보리(Savory)

▲ 펜넬 씨(p.40)

에르브 드 프로방스는 프랑스어로 '프로방스 지방의 허브'라는 의미다. 실제로 프로방스 지방에서 많이 사용하는 향신료와 허브를 섞어서 만든 혼합 향신료다. 향이 상쾌하고 품위가 있어서 요리에 살짝만 넣어줘도 남프랑스의 향기가 물씬 풍긴다.

프랑스에서는 옛날부터 정원에서 키우는 허브를 뜯어다가 요리에 사용했는데, 에르브 드 프로방스는 1970년 이후 널리 알려져 일반적으로 쓰이게 되었다. 타임, 바질, 월계수 등을 섞어서 만드는데, 취향이나 가정에 따라 향신료의 배합이 다르다. 고기나 생선과 궁합이 잘 맞아서 부야베스 등의 스튜나 허브 구이에 사용된다.

STUFF

- 타임: 2큰술
- 바질: 2큰술
- 세이지: 1큰술
- 세이보리: 1큰술
- 펜넬 씨: 1큰술
- 월계수: 1큰술
- 타라곤: 1큰술
- 라벤더: 1큰술

만드는 법

1. 재료를 모두 섞는다.
2. 절구 등에 넣고 곱게 빻는다.
3. 완성되면 밀폐 용기에 담아 습기가 적은 장소에 보관하고 6개월 이내에 사용한다.

▶ 부야베스

03

QUATRE EPICE
카트르 에피스

프랑스 요리에 안성맞춤인
향기로운 혼합 향신료

▲ 시나몬(p.26)

▲ 육두구 가루(p.58)

▲ 생강가루(p.45)

▲ 정향(p.28)

▲ 백후추(p.66)

프랑스어로 '네 가지 향신료'라는 의미인 카트르 에피스는 이름 그대로 네 가지 향신료를 섞어 만든 혼합 향신료다. 지금은 대중적인 향신료로 자리 잡았지만 예전에는 대단히 값이 비싸서 일부 일류 요리사만 쓸 수 있는 고급 요리의 상징이었다.

향이 강한 시나몬, 육두구, 정향에 매운맛이 강한 후추나 생강 중 하나를 섞어서 만든다. 프랑스 전통 요리에 많이 쓰이며 냄새를 제거하는 효과가 있어서 파테나 테린 등 내장 요리에도 사용된다.

STUFF

- 시나몬: 2큰술
- 육두구: 2큰술
- 정향: 2큰술
- 생강 또는 백후추: 1큰술

만드는 법

1. 재료를 모두 섞는다.
2. 절구 등에 넣고 곱게 빻는다.
3. 밀폐 용기에 담아 두고 3~4 개월 이내에 사용한다.

▶ 치킨 리버 파테. 파테란 고기나 생선 등을 곱게 갈아서 페이스트 또는 무스 형태로 만든 요리인데, 카트르 에피스가 간에서 나는 냄새를 잡아 준다.

04

PICKLING SPICE

피클링 스파이스

피클의 맛을 살려주는
혼합 향신료

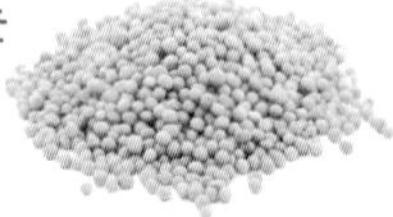

▲ 머스터드(p.56)

▲ 말린 생강(p.45)

▲ 올스파이스(p.18)

▲ 흑후추(p.66)

▲ 메이스(p.58)

▲ 정향(p.28)

▲ 새눈고추

▲ 고수 씨(p.32)

이름 그대로 피클을 만들 때 사용하는 혼합 향신료로 영국과 아일랜드에서 처음 만들었다. 크게 나눠 매운맛을 중시하는 배합과 향을 중시하는 배합이 있는데, 여기에서는 고추가 들어가 매운맛이 나는 배합을 소개한다.

피클링 스파이스에 많이 쓰이는 새눈고추(Bird's eye chili pepper)는 남미가 원산지인 품종으로 작고 귀여운 생김새와 달리 매운맛이 강렬하다. 매운맛뿐 아니라 타바스코 고추처럼 신맛과 함께 특유의 달콤한 향이 있어서 피클에 안성맞춤이다.

피클링 스파이스는 통째로 또는 가루를 내어 사용하며, 피클을 만들 때는 면 주머니에 넣어서 채소와 함께 촛물에 담가둔다. 오랜 시간 푹 끓이는 요리에도 사용할 수 있다.

STUFF

- 말린 생강: 40g
- 머스터드: 35g
- 정향: 30g
- 흑후추: 45g
- 새눈고추: 30g
- 메이스: 15g
- 고수 씨: 15g
- 올스파이스: 70g

만드는 법

1. 고추의 씨를 제거한다.
2. 프라이팬에 머스터드, 정향, 흑후추, 메이스, 고수 씨, 올스파이스를 넣고 중불에서 타지 않도록 볶는다.
3. 프라이팬에 고추를 넣고 계속 볶는다.
4. 향이 올라오면 생강을 넣고 더 볶는다.
5. 통째로 사용할 경우는 그대로, 가루로 사용할 경우는 식힌 후에 빻는다.

▶ 다양한 채소 피클

DUKKAH

두카

중독을 부르는 향기롭고 상큼한 맛,
이집트에서 탄생한 시즈닝

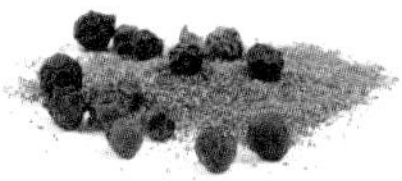
▲ 흑후추(p.66)

▲ 헤이즐넛

▲ 굵은 소금

▲ 고수 씨(p.32)

▲ 흰 참깨(p.72)

▲ 커민(p.34)

▲ 두카

두카는 수 세기 전에 이집트를 중심으로 하는 중동 지역에서 탄생했으며 현재는 중동뿐 아니라 뉴질랜드와 캐나다, 호주에서도 사랑받는 혼합 향신료다. 헤이즐넛, 흰 참깨, 고수 씨, 커민 등의 주재료를 굵게 빻아 만드는데, 주로 빵에 올리브오일과 두카를 찍어 먹는다. 향기롭고 상쾌한 풍미가 입안 가득 퍼지는 맛은 중독성이 강해서 두고두고 생각날 정도다. 고기나 생선에 발라서 굽거나 파스타나 샐러드에 뿌려 먹어도 맛있다.

STUFF

- 헤이즐넛: 75g
- 흰 참깨: 75g
- 고수 씨: 2큰술
- 커민: 2큰술
- 흑후추: 2큰술
- 굵은소금: 1작은술

만드는 법

1. 175℃로 예열한 오븐에 헤이즐넛을 5분 정도 굽는다. 식기 전에 마른 천으로 감싸고 손으로 비벼서 껍질을 제거한 다음 식힌다.
2. 프라이팬에 흰 참깨를 넣고 중불에 볶은 후 그릇에 옮겨 담는다.
3. 프라이팬에 고수 씨와 커민을 넣고 약불에서 알갱이가 탁탁 튀어 오를 때까지 볶는다.
4. ❸을 믹서에 곱게 간 후 ❷에 담는다.
5. ❶을 믹서에 곱게 간 후 ❹에 담고 소금과 흑후추로 간을 맞춘다.

▶ 빵에 올리브오일과 두카를 찍어서

06

HARISSA

하리사

매운맛 사이로 감칠맛과 풍미가
가득 퍼지는 튀니지의 향신료

▲ 박하 가루

▲ 커민 가루(p.34)

▲ 굵은 소금

▲ 하리사

▲ 캐러웨이(p.22)

▲ 올리브오일

▲ 마늘(p.42)

▲ 고추(p.24)

▲ 고수 씨(p.32)

하리사는 찐 고추에 올리브오일을 넣고 페이스트 상태로 만드는 매콤한 혼합 향신료다. 튀니지를 중심으로 마그레브 지역권(북아프리카 북서부에 위치한 아랍권 국가)에서 주로 사용한다. 알제리와 모로코에서는 쿠스쿠스와 타진, 케밥에도 넣는다.

재료와 배합은 나라나 지역마다 각기 다르다. 강렬한 매운맛이 특징이지만 그와 동시에 풍성한 향과 감칠맛도 있어서 된장이나 간장 등 한국에서 자주 사용하는 조미료와도 잘 어울린다. 통조림이나 튜브형으로 판매되는 제품이 있지만, 집에서도 쉽게 만들 수 있고 냉장고에 보관하면 6주 정도는 두고 먹을 수 있다.

STUFF

- 고추(생): 50g
- 마늘: 2쪽
- 캐러웨이: 1작은술
- 커민 가루: 1작은술
- 고수 씨: 2작은술
- 박하 가루: 1작은술
- 올리브오일: 1~2큰술
- 소금: 약간

만드는 법

1. 고추의 씨를 제거하고 잘게 찢은 다음 20분 정도 뜨거운 물에 담가둔다. 부드러워지면 곱게 으깬다.
2. 마늘을 갈아서 소금과 섞고 올리브오일을 뺀 나머지 재료를 모두 넣은 다음 걸쭉한 페이스트 질감이 될 때까지 섞어준다.
3. ❷에 올리브오일을 추가하고 버무리면 완성.
4. 밀폐 용기에 담아 윗면에 올리브오일을 얇게 부은 다음 냉장고에 보관한다.

▶ 하리사를 뿌린 쿠스쿠스와 푹 삶은 송아지고기

RAS EL HANOUT

라스 엘 하누트

타진 요리에 필수! 복잡한 맛이 나는 혼합 향신료

▲ 라스 엘 하누트

▲ 카다몬(p.23)

▲ 커민(p.34)

▲ 강황 가루(p.82)

▲ 시나몬(p.26)

▲ 육두구 가루(p.58)

▲ 올스파이스(p.18)

▲ 고추(p.24)

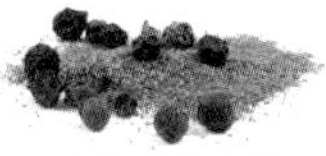

▲ 흑후추(p.66)

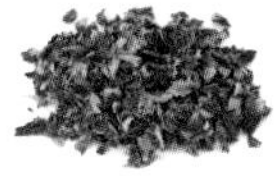

▲ 말린 장미꽃잎

▲ 정향(p.28)

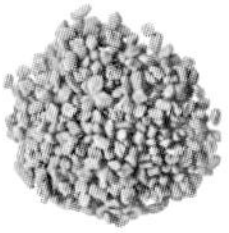

▲ 호로파(p.41)

▲ 생강가루(p.45)

▶ 라벤더

라스 엘 하누트는 향신료를 최소 10개 이상 섞어서 만드는 복잡한 혼합 향신료다. '라스 엘 하누트'란 명칭은 아랍어로 '가게에서 최고'(head of the shop)라는 의미로, 가게 주인이 손님의 입맛을 만족시키기 위해 공들여 만든 간판 상품이라는 데서 붙여진 이름이다. 사용하는 재료와 배합 비율은 지역에 따라 다르며, 향신료를 50가지 이상 섞어서 만드는 종류도 있다. 과일처럼 싱그러운 향이 특징이며 카다몬, 커민, 시나몬, 육두구 등의 주재료에 말린 꽃잎을 넣어 만든다. 타진 요리에 꼭 들어가는 필수 재료이며 쿠스쿠스나 파에야에도 들어간다.

STUFF

- 카다몬: 1작은술
- 커민: 1작은술
- 강황: 2작은술
- 시나몬: 1작은술
- 육두구 가루: 1/2작은술
- 올스파이스: 1작은술
- 고추: 1/2작은술
- 정향: 1/2작은술
- 호로파: 1/2작은술
- 생강가루: 1작은술
- 흑후추: 1작은술
- 말린 장미꽃잎: 1/2작은술
- 라벤더: 1/2작은술

만드는 법

1. 재료를 한데 섞는다.
2. 절구 등으로 곱게 빻는다.
3. 완성한 후 밀폐 유리병에 보관하고 3~4개월 이내에 사용한다.

▶ 타진 냄비로 만든 토마토와 치킨 쿠스쿠스

08

BERBERE

베르베르

고추 맛이 살아있는
매콤한 혼합 향신료

▲ 말린 고추(p.24)

▲ 양파 가루(p.60)

▲ 생강가루(p.45)

▼ 호로파(p.41)
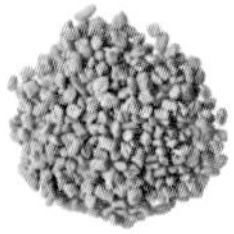

▲ 고수 씨(p.32)

▼ 카다몬(p.23)

▼ 육두구 가루(p.58)

▲ 올스파이스(p.18)

▼ 소금

베르베르는 에티오피아 요리에서 없어서는 안 될 필수 향신료다. 인도의 마살라처럼 만드는 사람이나 용도에 따라 재료와 배합 비율이 다양하다. 고추, 양파, 생강 등의 기본 재료에 용도에 맞는 향신료나 현지에서만 자라는 희귀한 향신료를 추가하기도 한다. 주로 찜이나 볶음 요리를 가열하는 도중에 사용한다. 특히 에티오피아와 에리트레아에서 많이 먹는 매콤한 고기인 와트(Wat)라는 전통 요리에 빠지지 않고 꼭 들어간다. 베르베르를 넣고 푹 끓인 와트는 퀘이 와트(Qey wat)라고 부르며 현지인들이 즐겨 먹는 요리다.

STUFF

- 말린 고추: 5개
- 양파 가루: 1작은술
- 생강가루: 1작은술
- 호로파: 1/2작은술
- 고수 씨: 1/2작은술
- 카다몬: 1/2작은술
- 육두구 가루: 1/2작은술
- 올스파이스: 1/2작은술
- 소금: 1작은술

만드는 법

1. 프라이팬을 달군 후 생강가루를 제외한 나머지 재료를 넣고 중불에서 타지 않도록 조심하면서 바삭하게 볶는다.
2. 불을 끄고 한 김 식힌 다음 고추씨를 제거하고 생강가루를 포함한 모든 재료를 섞는다.
3. 절구 등으로 곱게 빻는다.
4. 밀폐 유리병에 보관하고 4개월 이내에 사용한다.

▶ 에티오피아에서는 주식인 인제라(Injera) 위에 와트를 보기 좋게 담아낸 후 인제라를 손으로 찢어서 와트와 함께 먹는다.

ZA'ATAR
자타르

과일처럼 상큼한 향이 물씬 풍기는
북아프리카의 전통 향신료

◀ 자타르

▲ 흰 참깨(p.72)

▲ 수막 가루(p.76)

▲ 타임 가루(p.80)

자타르는 북아프리카와 중동에 전해 내려오는 전통적인 혼합 향신료로 요르단이나 터키에서는 가정의 맛으로 뿌리내려 있다. 참깨, 타임, 수막만으로 만드는 심플한 혼합 향신료지만 집집마다 으깬 아몬드 등 다양한 재료를 추가해 변형하기도 한다.

자타르는 적당히 새콤해서 올리브오일과 섞어 디핑 소스처럼 찍어 먹거나 고기나 채소에 뿌려 먹는 경우가 많다. 부드럽고 쫀득쫀득한 피자 반죽 위에 자타르를 솔솔 뿌려서 구운 마니시(Maneesh)는 아랍 피자로도 불리는데, 이탈리아 피자와는 또 다른 매력이 있어서 중독성이 강하다.

STUFF

- 흰 참깨: 50g
- 수막 가루: 25g
- 타임 가루: 25g

만드는 법

1. 프라이팬에 흰 참깨를 넣고 중불에서 계속 저으면서 몇 분간 볶는다.
2. 흰 참깨를 한 김 식힌 후 수막 가루와 타임 가루를 넣고 잘 섞어주면 완성.
3. 밀폐 용기 등에 넣어서 보관한다.

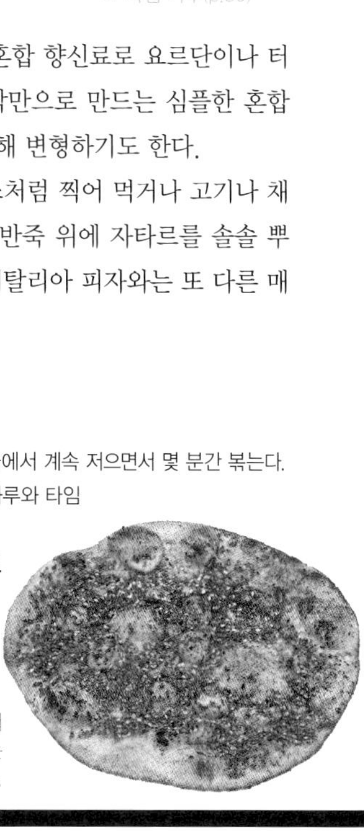

▶ 쫄깃한 반죽에 자타르를 뿌려서 구운 아랍 피자 마니시. 재료는 간단하지만 중독성 있는 맛이다.

10

SAMBAL

삼발

만드는 사람에 따라
맛도 배합도 달라지는
인도네시아의 '엄마의 맛'

▲ 쉬림프 페이스트
(트라시, 까삐)

▲ 차베 크칠
(작은 고추, p.24)

▲ 토마토

▲ 소금

▲ 라임즙

▲ 보관 용기에 담은 삼발

▲ 설탕

삼발은 동남아시아 요리에 많이 사용되는 매콤한 조미료다. 맛은 달콤한 종류부터 아주 매운 종류까지 다양한데, 현지에서는 일종의 장아찌나 양념장 같은 역할을 한다. 잘게 썬 재료를 조물조물 무쳐서 그대로 먹는 등 지역이나 가정마다 재료와 조리법이 다르다. 특히 인도네시아에서는 '엄마의 맛'으로 통하며, 나시고렝이나 미고렝 같은 인도네시아 요리에 빠지지 않고 들어간다. 인도네시아 식당이나 식료품점에서 구입할 수 있지만, 집에서도 간단히 만들 수 있고 어떤 향신료를 추가하는지에 따라 맛에 변화를 줄 수 있으므로 직접 만들어도 좋다.

STUFF

- 쉬림프 페이스트(트라시): 2큰술※
- 차베 크칠(Cabe kecil): 12개
- 토마토: 1개
- 라임즙: 1큰술
- 설탕: 1큰술
- 소금: 약간

※ 트라시(Terasi): 크릴새우나 새우를 발효시켜 만든 조미료로 젓갈의 일종이다. 고형 또는 페이스트 상태이며 독특하고 강렬한 냄새가 특징이다. 말레이시아에서는 블라찬, 태국에서는 까삐, 중국에서는 샤장이라고 한다. 보통은 쉬림프 페이스트라는 영어 이름으로 불린다.

만드는 법

1. 쉬림프 페이스트를 알루미늄 포일로 감싼 다음 석쇠나 오븐에 노릇노릇해질 때까지 몇 분간 굽는다.
2. 토마토의 씨를 제거하고 잘게 다진다.
3. 라임즙을 제외한 모든 재료를 절구에 넣고 페이스트 상태가 될 때까지 빻는다.
4. 먹기 직전에 라임즙을 뿌린다.
5. 밀폐 용기에 담아 냉장고에 보관하고 며칠 내로 먹는다.

▶ 인도네시아와 말레이시아를 대표하는 볶음밥 나시고렝

CURRY POWDER
카레 가루

인도 요리를 대표하는 전통적인 혼합 향신료

▲ 흑후추(p.66)

▲ 커리 잎(p.37)

▲ 커민(p.34)

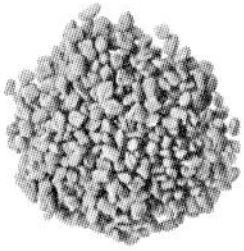

▲ 호로파(p.41)

▲ 카레 가루

▲ 강황 가루(p.82)

▲ 생강가루(p.45)

▲ 머스터드(p.56)

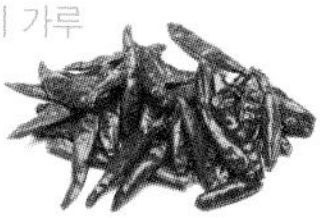

▲ 말린 고추(p.24)

▲ 고수 씨(p.32)

카레 가루는 이름 그대로 인도 요리의 대명사인 카레에 사용하는 혼합 향신료다. 과거 인도를 식민 지배했던 영국에서 간편하게 인도 요리를 만들 수 있도록 카레 가루를 개발하면서 전 세계로 퍼져 나갔다. 카레를 만들 때는 물론, 볶음 요리 등에 카페 풍미를 더하고 싶을 때도 요긴하게 쓰인다.

카레 가루의 원형은 다양한 향신료를 섞어 만든 인도의 혼합 향신료 마살라다. 마살라는 지역이나 가정마다 전통 비법이 전해져 내려오고 요리 재료와의 궁합에 맞춰 다르게 배합하기 때문에 인도에 똑같은 카레 가루는 하나도 없다고 해도 과언이 아닐 정도다. 그래서 인도에서는 시판 카레 가루는 마살라가 아니라고 생각하는 사람이 많다.

STUFF

- 말린 고추: 6개
- 고수 씨: 25g
- 커민: 2작은술,
- 머스터드(통): 1/2작은술
- 흑후추: 1작은술
- 호로파: 1작은술
- 커리 잎(생): 10장
- 생강가루: 1/2작은술
- 강황 가루: 1큰술

만드는 법

1. 고추의 씨를 제거한다.
2. 프라이팬에 커리 잎, 생강가루, 강황 가루를 제외한 재료를 넣고 타지 않도록 주의하며 중불에서 노릇노릇하게 볶는다.
3. ❷가 식으면 가루가 될 때까지 곱게 빻는다.
4. 커리 잎을 다른 프라이팬에서 몇 분간 구운 다음 잘게 빻는다.
5. 모든 재료를 잘 섞어주면 완성. 밀폐 용기에 담아 두고 3~4개월 이내에 사용한다.

▶ 노점에 진열된 인도 카레

12

GARAM MASALA

가람 마살라

톡톡 뿌려만 주면 정통 인도의 맛으로 변신하는 마법의 향신료

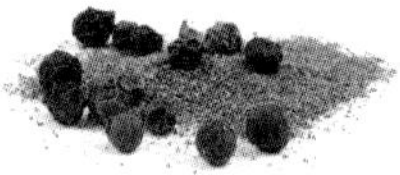
▲ 흑후추(p.66)

▲ 정향(p.28)

▲ 커민(p.34)

▲ 월계수 잎(p.52)

▲ 가람 마살라

▲ 시나몬 스틱(p.26)

▲ 카다몬(p.23)

▲ 고수 씨(p.32)

▲ 메이스 가루(p.58)

가람 마살라는 북인도 요리에 사용되는 혼합 향신료다. '매운 향신료'라고 잘못 번역되는 일이 많지만 '가람'이란 힌디어로 '뜨겁다, 덥다'라는 의미이며 맵다는 뜻은 없다.

향신료를 두세 가지만 섞는 간단한 종류부터 열 가지가 넘는 향신료를 섞는 복잡한 종류, 후추와 정향이 주성분인 아주 매운 종류, 메이스와 시나몬, 카다몬 등이 주성분인 향을 중시하는 종류까지, 레시피도 맛도 다양해서 가람 마살라의 제조법은 요리사의 숫자만큼 존재한다는 말이 있을 정도다. 주로 향을 내는 용도로 사용되지만 향이 대단히 강하므로 기본적으로는 소량씩 사용한다.

STUFF

- 시나몬 스틱: 2개
- 월계수 잎: 3장
- 커민: 40g
- 고수 씨: 25g
- 카다몬: 20g
- 흑후추: 20g
- 정향: 15g
- 메이스 가루: 15g

만드는 법

1. 시나몬 스틱을 잘게 부수고, 월계수 잎도 잘게 썰어둔다.
2. 바닥이 두꺼운 프라이팬을 중불에 올려 2~3분 동안 달군 다음 메이스를 제외한 나머지 재료를 모두 넣고 타지 않도록 저으면서 노릇노릇하게 볶아낸다.
3. ❷를 한 김 식힌 후 메이스를 넣고 빻으면 완성.
4. 밀폐 용기에 넣어두고 3~4개월 이내에 사용한다.

▶ 가람 마살라로 맛을 낸 렌틸콩 수프

CHAT MASALA

차트 마살라

상쾌한 박하 향이 나는 인도의 드레싱 향신료

▲ 차트 마살라

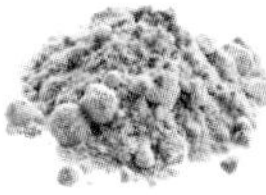
▲ 흑소금
(굵은 소금으로 대체 가능)

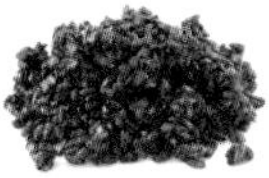
▲ 말린 석류 씨

▲ 굵은 소금

▲ 아사푀티다(p.20)

▲ 망고 가루

▲ 생강가루(p.45)

▲ 커민(p.34)

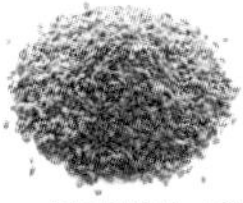
▲ 아지웨인(p.16)

▲ 흑후추(p.66)

▲ 고춧가루(p.24)

▲ 말린 박하

▲ 고수 씨(p.32)

차트 마살라는 박하를 섞어 만들기 때문에 마살라 중에서도 특히 상쾌한 향과 짠맛이 특징이다. 주로 오이나 당근 같은 채소 스틱에 뿌려 먹으며, 종교적인 이유 등으로 채식주의자가 많은 인도에서는 대단히 활용도가 높은 혼합 향신료다. 특히 라임이나 레몬과 함께 채소에 뿌리면 깊은 맛이 살아나서 이국적인 느낌이 물씬 풍기는 인도풍의 샐러드가 완성된다. 삶은 달걀이나 신맛이 나는 과일, 튀김 등에 뿌리면 허브 솔트처럼 즐길 수 있다.

STUFF

- 커민: 1작은술
- 굵은 소금: 1작은술
- 흑후추: 1작은술
- 아지웨인: 1/2작은술
- 말린 석류 씨: 1작은술
- 흑소금: 1작은술
- 박하 가루: 한 꼬집
- 아사푀티다: 1/4작은술
- 망고 가루: 2작은술
- 고춧가루: 1/2작은술
- 생강가루: 1/2작은술

만드는 법

1. 통향신료는 굵은 소금과 함께 곱게 빻는다.
2. 박하 가루, 아사푀티다, 망고 가루, 고춧가루, 생강가루를 넣고 골고루 섞으면 완성.
3. 밀폐 용기에 담아두고 3~4개월 이내에 사용한다.

▶ 차트 마살라를 뿌린 양고기 튀김

14

CHAI MASALA
차이 마살라

몸을 따뜻하게 해주는
부드럽고 달콤한 혼합 향신료

▼ 시나몬 가루(p.26)

▲ 생강가루(p.45)

▲ 차이 마살라

▲ 카다몬 가루(p.23)

▲ 정향 가루(p.28)

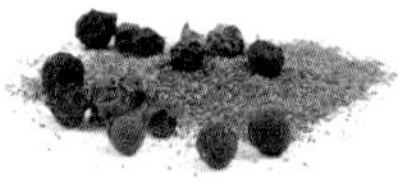

▲ 흑후춧가루(p.66)

차이 마살라는 인도에서 사랑받는 달콤한 밀크티인 '차이'를 만들 때 필요해서 '차이 원료'라고 불리기도 하는 혼합 향신료다. 시판 제품도 있지만 취향에 맞게 배합해 만들어두면 깊고 알싸한 인도 본연의 차이 맛을 간편하게 즐길 수 있다.

차이 특유의 단맛은 시나몬에서, 매운맛은 생강에서 나는데, 둘 다 몸을 따뜻하게 해주는 효과가 있다. 차이 마살라에는 카다몬이 반드시 들어가므로 달콤한데다가 뒷맛까지 깔끔하다.

STUFF

- 시나몬 가루: 1큰술
- 생강가루: 2작은술
- 카다몬 가루: 1작은술
- 정향 가루: 1작은술
- 흑후춧가루: 1작은술

만드는 법

1. 모든 향신료 가루를 그릇에 담고 골고루 섞는다.
2. 밀폐 용기에 담아 습기가 적고 서늘한 곳에 보관한다.

▶ 알싸한 향의 차이는 우유와 설탕을 듬뿍 넣어 먹으면 아주 맛있다.

PANCH PHORON

판치 호론

기름으로 볶아
요리에 향을 더하는
벵골 지방의 혼합 향신료

▲ 커민 씨(p.34)

▲ 펜넬 씨(p.40)

◀ 판치 호론

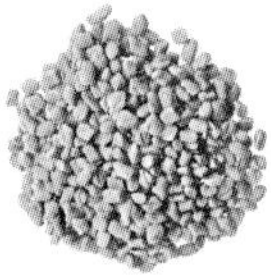

▲ 호로파(p.41)

▲ 머스터드 씨(p.56)

▲ 블랙커민 씨

판치 호론은 인도 동부의 서벵골주(州)와 방글라데시를 포함한 벵골 지방의 혼합 향신료다. 판치는 '다섯'이라는 뜻이며, 이름 그대로 다섯 가지 통향신료를 섞어서 만든다. 커민 씨, 펜넬 씨, 호로파, 머스터드 씨, 블랙커민 씨가 주재료이지만 요즘은 아니스를 추가하기도 한다. 기름에 볶아 향을 내는 용도로 쓰는 경우가 가장 많고 콩이나 채소 요리, 생선 요리에도 자주 쓰인다. 인도에서는 채소를 찌거나 삶은 요리인 사브지(Sabzi)에도 사용한다.

STUFF

- 커민 씨: 1큰술
- 펜넬 씨: 1큰술
- 호로파: 1큰술
- 머스터드 씨: 1큰술
- 블랙커민 씨: 1큰술

만드는 법

1. 모든 통향신료를 그릇에 담고 골고루 섞는다.
2. 밀폐 용기에 담아 습기가 적고 서늘한 곳에 보관한다. 가루를 낼 필요는 없다.

▶ 오크라와 파프리카, 판치 호론으로 만든 사브지

16

GREEN CURRY PASTE

그린 카레 페이스트

상쾌한 매운맛과 단맛이 특징인
초록빛 혼합 향신료

▲ 카피르 라임 잎

▲ 샬롯(작은 양파, p.60)

▲ 마늘(p.42)

▲ 고량강 가루(p.44)

▲ 커민(p.34)

▲ 청고추(p.24)

▲ 레몬그라스(p.54)

▲ 육두구 가루(p.58)

▲ 녹후추(p.66)

▲ 그린 카레 페이스트

▲ 물

▲ 쉬림프 페이스트
(트라시, 까삐)

▲ 고수 뿌리(p.32)

태국 카레는 고추를 중심으로 여러 가지 향신료를 배합한 아주 매운 카레 페이스트로 만든다. 인도 카레와 달리 점성이 없는 수프와 코코넛 밀크의 달콤한 풍미 등이 가장 큰 특징이며, 크게 나눠 그린 카레, 레드 카레, 옐로 카레가 있다.

그린 카레는 청고추를 넣어 만든 카레 페이스트를 볶은 다음 닭고기나 가지 등의 재료에 코코넛 밀크를 넣고 푹 끓여 남플라 등으로 맛을 내며, 세 가지 카레 중 가장 매콤하다. 홍고추를 넣은 레드 카레는 순하고 깊이 있는 매운맛이, 강황을 넣은 옐로 카레는 인도 카레와 비슷한 풍미가 특징이다.

STUFF

- 녹후추(생): 5g
- 마늘: 80g
- 샬롯: 65g
- 청고추: 60g
- 레몬그라스: 40g
- 쉬림프 페이스트(까삐): 15g
- 고수 뿌리: 8g
- 카피르 라임 잎: 4g
- 고량강 가루: 2g
- 커민: 1/2작은술
- 육두구 가루: 1/2작은술
- 물: 150~200㎖

그린 카레 페이스트

만드는 법

1. 재료를 모두 믹서에 넣고 페이스트 상태로 갈아준다.
2. 바닥이 두꺼운 프라이팬에 ❶을 옮겨 담고 중불에서 수분이 완전히 날아갈 때까지 졸인다.
3. 열기가 식으면 밀폐 용기에 담아 냉장고에 보관하고 1개월 이내에 사용한다.

▼ 그린 카레. 죽순을 넣어서 식감을 더해도 좋다.

레드 카레 페이스트와 옐로 카레 페이스트

※ 레드 카레와 옐로 카레 모두 만드는 법은 위에서 설명한 그린 카레 페이스트와 동일

STUFF

- 말린 고추: 20g
- 마늘: 40g
- 샬롯: 40g
- 레몬그라스: 20g
- 쉬림프 페이스트(까삐): 15g
- 고수 뿌리: 2g
- 카피르 라임 잎: 4g
- 고량강 가루: 2g
- 토마토 페이스트: 1큰술
- 커민: 1/2작은술
- 육두구 가루: 1/2작은술
- 물: 150~200㎖

▲ 레드 카레

▲ 옐로 카레

STUFF

- 말린 고추: 40g
- 마늘: 40g · 샬롯: 40g
- 레몬그라스: 20g
- 고수 씨: 1큰술
- 카피르 라임 잎: 4g
- 고량강 가루: 2큰술
- 블랙 머스터드: 1작은술
- 강황 가루: 1/2큰술
- 커민: 1/2작은술
- 흑설탕: 1큰술 · 남플라: 3큰술
- 라임즙: 1큰술
- 코코넛 밀크: 50㎖

NAM PHRIK

남 프릭

중독성 강한 매운맛이 특징인 태국의 전통적인 만능 디핑 소스

▲ 땅콩

▲ 남 프릭

▲ 타마린드 페이스트(p.79)

▲ 흑설탕

▲ 샬롯(p.60)

▲ 마늘(p.42)

▲ 쉬림프 페이스트
(트라시, 까삐)

▲ 고추(p.24)

태국의 가정에서 대대로 전해 내려온 남 프릭은 고추, 샬롯이라는 작은 보라색 양파, 마늘, 까삐(쉬림프 페이스트로 태국식 새우젓갈)와 같은 개성이 강한 재료를 크록(Khrok)이라는 전통 돌절구에 빻아서 페이스트 상태로 만든 혼합 향신료다.

현지에서는 그대로 밥에 얹어 먹거나, 생채소에 찍어 먹거나, 국이나 찜 요리의 맛을 내는 데 사용한다. 지역이나 집집마다 들어가는 재료와 만드는 법이 달라서 종류도 다양하지만 크게 나누면 밥에 얹어서 그대로 먹는 종류와 국에 넣어 조미료로 쓰는 종류가 있다.

STUFF

- 마늘(껍질째): 5쪽
- 고추: 5개
- 샬롯: 5개※
- 쉬림프 페이스트(까삐): 2큰술
- 흑설탕: 1큰술
- 타마린드 페이스트: 5g
- 땅콩: 2큰술

※ 샬롯: 부드러운 향미가 나는 작은 양파로 태국에서 많이 사용한다. 지름은 2~3cm이고 껍질은 보라색, 속은 하얀색이다.

만드는 법

1. 프라이팬에 마늘과 샬롯을 넣고 투명해질 때까지 볶는다.
2. 고추와 쉬림프 페이스트를 알루미늄 포일로 감싸고 한 프라이팬에서 쉬림프 페이스트의 색이 검게 변하고 고추가 부드러워질 때까지 볶는다.
3. 샬롯은 껍질을 벗기고 고추는 씨를 제거한 후 곱게 다진다.
4. 모든 재료를 절구에 넣고 페이스트 상태가 될 때까지 빻아준다.
5. 밀폐 용기에 담아서 냉장고에 보관하고 1주일 내로 먹는다.

▶ 생채소에 곁들이면 전채 요리로도 손색이 없다.

FIVE SPICE POWDER
오향가루

팔각 향이 솔솔 풍기는
중국을 대표하는 혼합 향신료

▲ 사천 후추(p.78)

▲ 펜넬 씨(p.40)

▲ 정향(p.28)

▲ 진피

▲ 오향가루

▲ 시나몬(p.26)

▲ 팔각(p.74)

우샹펀이라고도 불리는 오향가루는 이름 그대로 팔각, 시나몬, 정향, 사천 후추, 펜넬 씨 또는 진피, 이렇게 다섯 가지 향신료로 만든 중국의 대표적인 혼합 향신료다. 카다몬이나 말린 생강, 감초 등을 추가하기도 하며 꼭 다섯 가지 재료로만 만들지는 않는다.

팔각의 달콤한 향이 가장 큰 특징이며, 주로 냄새를 잡거나 향을 내는 데 쓰인다. 고기를 재우는 양념이나 찜 요리, 마리네 등에 많이 사용되고, 소금과 섞어서 튀김 등에 곁들이기도 한다. 원기회복과 소화촉진 작용이 뛰어나서 중국에서는 약선 요리에도 사용한다.

STUFF

- 팔각: 1큰술
- 사천 후추: 1큰술
- 시나몬(카시아): 1/2큰술
- 정향: 1/2큰술
- 진피※ 또는 펜넬 씨: 1큰술

※ 진피: 귤껍질을 말린 향신료

만드는 법

1. 모든 재료를 절구에 넣고 곱게 빻는다.
2. 밀폐 용기에 담아두고 3~4개월 이내에 사용한다.

▶ 껍질이 붙은 삼겹살에 소금과 오향가루 등의 향신료를 골고루 바른 다음 오븐에 구워낸 중국식 돼지고기 오븐구이

SHICHIMI
시치미

일본 에도 시대에 탄생한
매콤한 혼합 향신료

▲ 양귀비 씨(p.68)

▲ 산초(p.48)

▲ 검은 참깨(p.72)

▲ 김

▲ 흰 참깨(p.72)

▲ 고춧가루(p.24)

▲ 진피

◀ 시치미

일본어로 '일곱 가지 맛'이라는 뜻을 가진 시치미(七味)는 일본의 전통적인 혼합 향신료다. 기본적으로는 주재료인 고추를 포함해 향신료 일곱 가지 정도를 섞어 만드는데 만드는 사람이나 지역에 따라 들어가는 재료가 다르다.

시치미는 17세기 초반 에도의 야겐보리(지금의 도쿄 료고쿠바시 부근)에서 약재를 팔던 도쿠우에몬이라는 사람이 한약을 음식에 이용하려고 고안하면서 탄생했다. 그래서 일본에서는 시치미를 야겐보리라고 부르기도 한다.

도쿠우에몬이 판매하기 시작한 시치미는 당시 에도에서 즐겨 먹던 소바와 찰떡궁합을 이루는 조미료로 인기를 끌면서 일본 전역으로 퍼져 나갔다. 지금은 일본의 다양한 요리에 폭넓게 사용되며 일식에 없어서는 안 될 향신료로 자리 잡았다.

STUFF

- 흰 참깨: 2작은술
- 검은 참깨: 1작은술
- 산초 가루: 3작은술
- 김가루: 1작은술
- 진피: 3작은술
- 고춧가루: 3작은술
- 양귀비 씨: 1작은술

만드는 법

1. 흰 참깨와 산초 가루를 절구에 넣고 곱게 빻는다.
2. 김가루와 진피를 넣고 섞는다.
3. 모든 재료를 넣고 골고루 섞으면 완성.
4. 밀폐 용기에 담아두고 3~4개월 이내에 사용한다. 냉장고에 넣어두면 풍미가 더 오래 유지된다.

▶ 시치미는 내장의 비린내를 잡아줘서 내장 조림인 모츠니의 양념으로도 쓰인다.

YUZU KOSHO

유즈코쇼

상큼함과 매콤함이 절묘하게 어우러진 일본의 양념장

▲ 청고추(p.24)

▲ 소금

▲ 청유자

▲ 유즈코쇼

유즈코쇼(유자후추)는 일본 규슈 지역에서 다양한 요리에 널리 쓰이는 양념장이다. 유즈코쇼의 코쇼(후추)란 후추가 아니라 과거 일본에서 고추를 부르던 명칭인 호초(胡椒)를 뜻하며 이것이 규슈 일부 지역에서는 지금까지도 방언으로 남아 있다.

보통 청고추를 사용하며 청고추와 청유자로 만든 유즈코쇼는 선명한 초록빛을 띤다. 매운맛이 강하지만 유자의 상큼한 풍미가 입안을 감돌아서 국물 요리나 된장국, 회, 소바 등과 찰떡궁합을 이룬다. 기름기가 많은 고기 요리와 함께 먹으면 담백한 느낌이 더해진다.

STUFF

- 청고추: 10개
- 청유자: 5개 분량
- 소금: 청유자 껍질과 청고추를 합한 분량의 20%

만드는 법

1. 깨끗이 씻은 유자의 껍질을 얇게 벗긴 다음 잘게 다진다. 이때 껍질을 벗긴 유자를 버리지 않고 보관해둔다.
2. 청고추의 꼭지와 씨를 제거하고 잘게 다진다.
3. 절구에 유자, 청고추, 소금을 넣고 빻는다.
4. 유자즙을 취향에 맞게 적당량 추가하면서 간을 맞춘다.
5. 끓는 물에 소독한 밀폐 유리병에 담아 냉장고에서 며칠간 숙성시킨 후 맛이 배면 완성.

▶ 국물 요리와 유즈코쇼는 최고의 궁합을 자랑한다.

21

CAJUN SEASONING

케이준 시즈닝

케이준 요리에 빠지지 않는 산뜻하고 매콤한 조미료

▲ 마늘(p.42)

▲ 고춧가루(p.24)

▲ 머스터드 가루(p.56)

▲ 양파(p.60)

▲ 파프리카 가루(p.64)

▲ 커민 가루(p.34)

▲ 케이준 시즈닝

▲ 소금

▲ 말린 타임(p.80)

▲ 말린 오레가노(p.62)

▲ 흑후추(p.66)

케이준 시즈닝은 고추와 마늘을 중심으로 여러 향신료를 섞어 만든 혼합 향신료다. '케이준'이라는 명칭은 '아카디아 사람'을 의미하는 영어 '아카디안'(Acadian)에서 유래했는데, 아카디안이란 과거 북미 대륙 동부의 대서양 연안에 정착한 프랑스인 중 미국 남부 루이지애나 등으로 이주한 사람들을 가리킨다. 그 이유로 이 지역 요리를 케이준 요리라고 부르며, 프랑스의 부야베스에서 유래한 요리인 검보(Gumbo)나 쌀 요리인 잠발라야(Jambalaya) 등에는 케이준 시즈닝이 반드시 들어간다.

시판 제품은 가루를 배합해 만드는 경우가 많은데, 생양파와 생마늘을 사용하면 맛이 더욱 산뜻해지므로 집에서 직접 케이준 시즈닝을 만들어보자.

STUFF

- 마늘: 1통
- 양파: 1/2개
- 파프리카 가루: 1작은술
- 흑후춧가루: 1/2작은술
- 커민 가루: 1/2작은술
- 머스터드 가루: 1/2작은술
- 고춧가루: 1/2작은술
- 말린 타임: 1작은술
- 말린 오레가노: 1작은술
- 소금: 1작은술

만드는 법

1. 마늘과 양파의 껍질을 깐 다음 절구에 빻는다.
2. ❶에 나머지 재료를 모두 넣고 골고루 섞으면 완성.

▶ 닭고기와 소시지를 넣어 만든 검보. 오크라가 들어가서 걸쭉하다.

BARBECUE SPICE(RUB)

바비큐 스파이스(럽)

고기 맛을 한층 살려주는, 바비큐에 꼭 필요한 만능 조미료

▲ 소금 ▲ 흑설탕 ▲ 양파 가루(p.60) ▲ 파프리카 가루(p.64) ▲ 말린 타임(p.80) ▲ 커민(p.34) ▲ 머스터드 가루(p.56) ▲ 고춧가루(p.24) ▲ 흑후추(p.66) ▲ 바비큐 스파이스 ▲ 마늘 가루(p.42)

통칭 럽(Rub)이라고 불리는 바비큐 스파이스는 미국에서 바비큐를 만들 때 재료나 소스와 더불어 중심적인 위치를 차지하는 혼합 향신료다. 영어로 '문지르다'를 의미하는 이름 그대로 굽기 전에 생고기에 문질러 발라서 밑간을 하거나 냄새를 제거하는 용도로 쓰인다.

미국에서는 옛날부터 집에서 바비큐를 즐겼는데 예전에는 값이 싸고 질긴 고기를 사용하는 경우도 많았다. 럽은 이 질긴 고기를 먹기 편하면서도 맛있게 조리하기 위해 고안된 혼합 향신료다. 육류는 물론 어패류와도 잘 어울리므로 식재료에 맞춰 자기만의 독창적인 배합에 도전해보는 것도 좋다.

STUFF

- 파프리카 가루: 2큰술
- 머스터드 가루: 1작은술
- 흑후추: 1작은술
- 양파 가루: 1작은술
- 마늘 가루: 1/2작은술
- 고춧가루: 1/2작은술
- 말린 타임: 1/2작은술
- 커민: 1/4작은술
- 소금: 2작은술
- 흑설탕: 4큰술

만드는 법

1. 흑후추, 고춧가루, 커민을 절구에 빻는다.
2. ❶에 나머지 재료를 모두 넣고 골고루 섞는다.
3. 밀폐 용기에 담아 직사광선이 들지 않는 곳에 보관하고 2~3개월 이내에 사용한다.

▶ 바비큐 스파이스를 문질러 바른 다음 오븐에 구워낸 등갈비

23

CHILI POWDER
칠리 파우더

멕시코의 맛을 간편히
재현할 수 있는
미국에서 탄생한 혼합 향신료

▲ 양파 가루(p.60)

▲ 오레가노 가루(p.62)

▲ 마늘 가루(p.42)

▲ 칠리 파우더

▲ 고춧가루(p.24)

▲ 커민 가루(p.34)

▲ 파프리카 가루(p.64)

▲ 딜 씨(p.38)

▲ 소금

칠리 파우더는 매운 고춧가루에 오레가노와 커민 등 여러 향신료를 섞어 만드는 혼합 향신료다. 색이 빨개서 몹시 매워 보이지만 고추 이외의 재료가 많이 들어가서 생각보다 맵지 않다. 칠리 콘 카르네를 비롯해 미국식으로 변형된 멕시코 요리인 텍스멕스 요리의 필수 향신료이며, 스페인 요리에서도 자주 쓰인다.

칠리 파우더는 1890년대 미국에서 탄생했는데, 텍사스 주의 멕시코 식료품 공급업자가 멕시코 요리에 필요한 향신료를 일일이 조합해서 만드는 수고를 덜기 위해 발명했다고 한다.

STUFF

- 오레가노 가루: 2작은술
- 파프리카 가루: 2작은술
- 커민 가루: 1½작은술
- 마늘 가루: 1½작은술
- 고춧가루: 1작은술
- 양파 가루: 1작은술
- 딜 씨: 약간
- 소금: 1작은술

만드는 법

1. 모든 재료를 절구 등에 넣고 잘 섞는다.
2. 밀폐 용기에 담아 습기가 적고 서늘한 곳에 보관한다.

▶ 텍사스 주에서 탄생한 칠리 콘 카르네. 다진 고기와 양파를 볶은 다음 토마토, 칠리 파우더, 고춧가루, 강낭콩 등을 넣고 푹 끓인 요리다.

JERK SPICE

저크 스파이스

매콤하고 감칠맛이 나는
자메이카 요리의 필수 혼합 향신료

▲ 올스파이스(p.18)

▲ 말린 타임(p.80)

▲ 소금

▲ 스카치 보네트 고추

▲ 정향(p.28)

▲ 육두구(p.58)

▲ 흑후추(p.66)

▲ 생양파 또는 말린 양파(p.60)

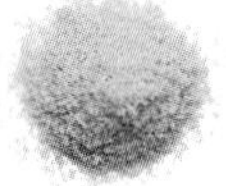

▲ 설탕

▲ 시나몬(p.26)

저크 스파이스는 자메이카 요리에 빠지지 않는 혼합 향신료로, 올스파이스와 스카치 보네트(Scotch bonnet) 고추를 비롯한 여러 향신료를 섞어서 만든다. 스카치 보네트 고추는 자메이카에서 재배되는 고추의 일종으로 매운맛에 더해 과일처럼 달콤한 풍미가 있어서 자메이카 요리에 자주 등장한다.

저크란 현지어로 '말린 고기'를 의미하는 차르키(Charqui)에서 유래했다. 이름 그대로 예로부터 닭고기나 돼지고기를 밑간하는 데 쓰였으며 최근에는 소고기나 어패류에도 사용된다. 특히 저크 스파이스에 재워 구운 닭고기 요리인 저크 치킨은 자메이카의 길거리 노점에서 흔히 볼 수 있는 명물 요리다.

STUFF

- 올스파이스: 2큰술
- 양파(생양파 또는 양파 가루): 1큰술
- 말린 타임: 1큰술
- 스카치 보네트 고추: 1/4큰술 (일반 고추로 대체 가능)
- 시나몬: 1/4큰술
- 정향: 1/2작은술
- 육두구: 1/2작은술
- 흑후추: 2큰술
- 소금: 2큰술
- 설탕: 2큰술

만드는 법

1. (생양파를 사용하는 경우) 양파를 갈아준다.
2. 모든 재료를 절구에 넣고 골고루 섞는다.
3. 밀폐 용기에 담아 냉장고에 보관한다.

▶ 닭고기를 저크 스파이스에 하룻밤 재워 두었다가 오븐에 구워낸 저크 치킨. 중독성이 강한 맛이어서 바비큐에도 제격이다.

Column

향신료에 필요한 도구

▲ 돌절구는 단단한 향신료를 빻기에 안성맞춤이다.

가루로 된 시판 향신료를 사용하는 것이 편리하기는 하지만, 향신료의 풍미를 최대한 즐기려면 역시 갓 갈아서 쓰는 편이 가장 좋다. 혼합 향신료를 만들 때도 배합 비율이나 가루의 굵기를 취향에 맞게 조절할 수 있어서 요리의 가능성이 무한히 넓어진다.

직접 향신료를 만들어 쓰려면 절구, 그라인더, 보관 용기는 꼭 갖춰둬야 한다. 절구는 오랜 옛날부터 식재료를 갈거나 으깨는 조리 도구로 사용되었다. 빻는 데 품이 들기는 하지만 알갱이 크기와 상관없이 모든 향신료에 사용할 수 있으므로 혼합 향신료를 만들기에 가장 적합하다. 사발이 얇고 바닥이 평평하며 단단한 소재로 만들어진 제품을 선택하는 것이 좋다. 그라인더는 쉽고 빠르게 갈리기 때문에 쓰기에 편리하며 두 손으로 돌리는 유형이나 전동 유형 등 종류도 다양하다. 또 향신료를 보관하는 용기는 자외선과 공기에 노출되지 않도록 밀봉이 가능한 종류가 좋다.

◀ 나무로 된 절구는
가벼워서 쓰기 편하다.

절구

세계 각국에는 나무절구, 도자기절구, 돌절구 등 다양한 절구가 있다. 한국도 마늘을 빻을 때 절구를 이용하는 경우가 많은데, 안쪽에 빗살무늬로 홈이 파여 있다. 인도에서는 지금도 전통 돌절구인 실바타(sil-batta)를 사용하는 집이 많다. 사용법은 아주 간단해서 절구 안에 재료를 넣고 막자로 빻거나 으깨면 된다.

▶ 인도의 전통
돌절구인 실바타

▲ 찰흙으로 빚어서 유약을
바르지 않고 구운 태국의
전통 옹기절구

그라인더

그라인더는 향신료의 향을 최대한 끌어내기 위해 조리나 식사 직전 간편하게 갈아서 쓸 수 있도록 만든 도구다. 손잡이나 용기 윗부분을 돌려서 사용하는 수동식과 모터가 달린 전동식이 있다. 칼날은 스테인리스 소재보다는 세라믹 소재가 손질하기 간편하고 이도 잘 빠지지 않는다.

▲ 양손으로 돌려쓰는 수동식 그라인더.
디자인도 다양하다.

▲ 전동식 그라인더

보관 용기

습기를 차단하고 향신료의 풍미를 유지하려면 밀봉할 수 있도록 뚜껑이 달린 병에 건조제를 넣어서 가능한 한 햇빛이 들지 않는 곳에 상온 보관하는 것이 가장 좋다. 창가에 나란히 진열해두면 주방 인테리어로도 그만이지만 자외선 때문에 향신료가 변질되므로 자외선을 차단해주는 용기를 선택하는 것이 좋다.

◀ 크기도 다양해서 용도에 따라 구분해서 사용할 수 있다. 투명한 유리병은 내용물이 보여서 꺼내 쓰기 편하다.

CHAPTER 3

향신료 레시피

향신료를 사용한 세계의 요리. 향신료의 기본을 익혔으니 요리에 도전해보자!

향신료 레시피 21종

SOUP & STEW
수프와 스튜

똠얌꿍 TOM YUM KUNG【태국】

▲ 고추의 매콤함, 레몬과 레몬그라스의 새콤함, 새우의 고소함이 절묘하게 조화를 이룬 똠얌꿍. 태국어로 '똠'은 끓이다, '얌'은 섞다, '꿍'은 새우를 의미한다.

STUFF 【2인분】

- 닭 육수: 400㎖
- 카피르 라임 잎: 3장
- 남 프릭 파오: 1큰술※
- 코코넛밀크: 1큰술
- 초고 버섯: 6개
- 얇게 저민 고량강: 3쪽
- 레몬즙: 2큰술
- 우유: 200㎖
- 소금: 1/2큰술
- 새우: 6마리
- 남플라: 1/2큰술
- 레몬그라스: 1/2대
- 프릭키누: 3개※
- 고수(잎과 뿌리): 적당량

만드는 법

1. 새우는 껍질과 살을 분리하고 내장을 제거한다. 고수 뿌리와 프릭키누(고추로 대체 가능)는 두들겨서 으깬다. 레몬그라스는 어슷썰고 초고 버섯은 반으로 자른다.
2. 냄비를 중불에 올리고 닭 육수를 부은 다음 남플라, 남 프릭 파오, 코코넛 밀크, 소금을 넣는다.
3. 끓어오르면 얇게 저민 고량강(생강으로 대체 가능), 초고 버섯, 고수 뿌리, 프릭키누, 레몬그라스, 우유, 새우 껍질, 카피르 라임 잎을 넣고 한소끔 끓인다.
4. 새우 살을 넣고 색이 빨갛게 변하면 레몬즙을 추가한 다음 한 번 더 부르르 끓인다. 새우 껍질과 카피르 라임 잎을 제거하고 그릇에 담아서 고수 잎을 토핑으로 올린다.

※ 남 프릭 파오(Nam phrik pao): 고추, 건새우, 양파, 마늘 등을 기름에 볶은 후 설탕과 소금을 섞어 만든 페이스트 형태의 시큼한 조미료로 시판 제품도 있다.

※ 프릭키누(Phrik ki nu): 길이 2~3cm인 청고추의 일종으로 강렬한 매운맛이 특징이다.

단호박 수프 PUMPKIN SOUP 【미국】

만드는 법

1. 단호박은 속을 파내고 껍질을 제거한 다음 적당한 크기로 자르고 양파는 채 썬다.
2. 냄비에 버터를 넣고 약불에서 녹인 다음 양파를 넣고 갈색빛이 돌 때까지 타지 않도록 주의하면서 볶는다.
3. ❷에 닭 육수, 단호박, 육두구, 시나몬, 커민을 넣고 가끔 저어주면서 단호박이 부드러워질 때까지 20분 정도 끓인다.
4. 냄비를 불에서 내리고 열기가 식으면 ❸을 믹서에 옮겨 담은 다음 부드럽게 갈아서 체에 거른다.
5. ❹를 다시 냄비에 옮겨 담고 약불에서 데운 다음 마지막에 소금, 흑후추, 생크림으로 간을 맞춘다.

STUFF

【4인분, 약 20개】

- 단호박: 속살 기준 400g
- 양파: 중간 크기 2개
- 버터: 20g
- 육두구 가루: 1/2작은술
- 시나몬 가루: 1/2작은술
- 커민 가루: 1/2작은술
- 닭 육수: 750㎖
- 생크림: 4큰술
- 소금: 약간
- 흑후추: 약간

◀ 미국의 추수감사절을 대표하는 음식인 단호박 수프

버터 치킨 카레 BUTTER CHICKEN CURRY 【인도】

만드는 법

1. 닭가슴살은 껍질을 제거하고 포크로 골고루 찔러 구멍을 낸 다음 한입 크기로 자른다. 고추는 씨를 제거한 후 곱게 다지고 생강과 마늘은 으깬다.
2. 믹서에 고추, 마늘, 커민 가루를 넣고 가볍게 섞어준 다음 나머지 밑간 재료를 모두 넣고 페이스트 상태가 될 때까지 갈아준다.
3. ❷를 그릇에 옮겨 담고 닭가슴살을 넣어 고루 섞은 후 비닐봉지나 랩에 싸서 냉장고에 넣고 2~3시간 동안 재워둔다.
4. 믹서에 토마토(통조림에 든 즙까지 전부), 생강, 카다몬, 고춧가루를 넣고 부드럽게 갈아낸다.
5. 카레 냄비를 약불에 올리고 버터 절반 분량을 넣어 녹인다. ❹를 옮겨 담은 후 월계수 잎을 넣고 15분 정도 끓인다.
6. 남은 버터를 냄비에 넣고 중불로 바꾼다. 국물이 졸아들어 소스가 걸쭉해지고 윤기가 돌 때까지 가끔 저어주면서 20분 정도 끓인다.
7. 냄비에 생크림을 넣고 열기가 고루 퍼지도록 가볍게 저으면서 소금과 설탕으로 간을 맞춘 다음 냄비를 불에서 내린다.
8. 프라이팬을 달구고 식용유를 두른 다음 냉장고에 재워둔 닭가슴살을 양념째 넣고 고기가 익을 때까지 볶는다.
9. 불에서 내려둔 냄비를 약불에 올리고 ❽을 넣은 후 열기가 골고루 퍼질 때까지 2~3분간 가볍게 저어주면 완성. 버터 치킨 카레는 보통 난을 곁들여 먹지만 커민을 볶아 향을 낸 기름을 넣은 커민라이스도 잘 어울린다.

STUFF 【4인분】

- 닭가슴살: 500g
- 식용유: 1큰술

【고기 밑간】

- 생고추: 2개
- 마늘: 4쪽
- 커민 가루: 1큰술
- 가람 마살라: 1/2작은술
- 소금: 1/2작은술
- 고수(잎): 2큰술
- 레몬즙: 1큰술
- 플레인 요구르트: 150㎖

【소스】

- 다이스(조각) 토마토 통조림: 2캔(800g)
- 생크림: 200㎖
- 생강: 1쪽
- 버터: 50g
- 월계수 잎: 1장
- 카다몬: 4개
- 고춧가루: 1작은술
- 소금: 1/2작은술
- 설탕: 1작은술

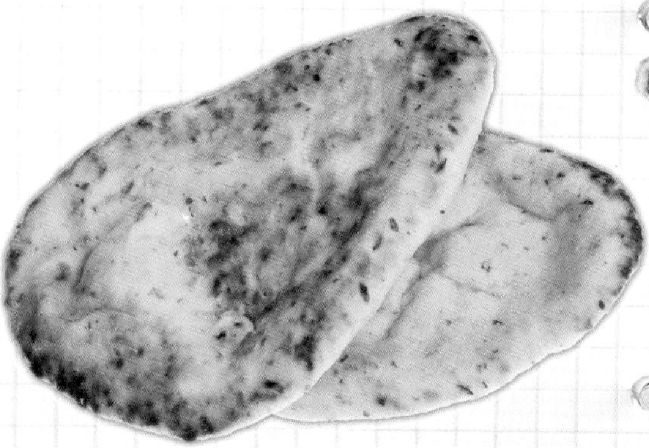

▶ 인도 카레와 함께 먹는 난은 인도와 중동, 중앙아시아, 서아시아 등에서 즐겨 먹는 빵의 일종으로 맛도 형태도 각양각색이다. 인도의 난은 발효시킨 반죽을 주걱 모양으로 늘린 다음 탄두르라고 불리는 가마의 벽에 붙여서 굽는다. 반죽에는 정제 밀가루를 사용하며 요구르트, 우유, 기버터,* 설탕을 추가하는 것이 특징이다.

* 기(Ghee) 버터: 무가염 버터를 끓여 물을 증발시킨 다음 정제해 만든 버터의 일종

▲ 인도 북부, 특히 펀자브 지방을 대표하는 카레 중 하나인 버터 치킨 카레. 토마토와 요구르트의 새콤한 맛에 버터의 풍미가 절묘하게 더해져 깊은 맛이 난다. 인도에서는 무르그 마카니(Murg makhani, 닭고기 버터라는 뜻)라고 불린다.

가스파초 GAZPACHO 【스페인】

만드는 법

1. 토마토, 오이, 양파는 껍질을 벗기고 피망과 빨간 파프리카는 꼭지와 씨를 제거한 다음 큼직하게 썬다. 바게트는 한입 크기로 찢어서 물을 뿌려둔다.
2. 마늘을 잘게 다진 후 커민, 소금과 함께 절구에 곱게 으깬 다음, 레드 와인 식초를 넣고 골고루 섞는다.
3. 바게트의 물기를 뺀 다음 파프리카 가루를 넣고 잘 버무린다.
4. 믹서에 ❶과 ❷, 물을 넣고 부드러워질 때까지 돌린 다음 ❸을 넣고 20초 정도 믹서로 갈아준다.
5. 올리브오일을 2~3회에 나눠 넣으면서 부드럽게 섞은 후 소금(분량 외)과 흑후추로 간을 맞춘다.
6. 냉장고에 하룻밤 넣어 두었다가 그릇에 담아서 채소와 바질 등을 올려 장식한다.

STUFF 【4인분】

- 토마토: 6개
- 피망: 1개
- 빨간 파프리카(생): 1개
- 오이: 1개
- 양파: 1/3개
- 바게트: 1/4개
- 마늘: 1쪽
- 올리브오일: 120㎖
- 레드 와인 식초: 2큰술
- 파프리카 가루: 2작은술
- 커민: 1/2작은술
- 흑후추: 약간
- 소금: 1작은술
- 물: 460㎖

▶ 찌는 듯한 더위로 유명한 스페인 남부 안달루시아 지방에서 탄생한 가스파초. 여름에 즐겨 먹는 대표적인 냉수프다.

굴라시 GOULASH 【헝가리】

▲ 굴라시. 헝가리에서 목축을 하거나 농사를 짓던 사람들이 점심용으로 야외에 화덕을 만들어 큰 냄비에 끓여 먹던 음식에서 기원한 요리로, 넣는 재료나 양념 방식도 다양하다.

STUFF 【4인분】

- 소고기(깍둑썬 것): 600g
- 파프리카: 2개
- 양파: 1개 반
- 마늘: 1쪽
- 토마토 페이스트: 1큰술
- 라드(돼지기름): 50g
- 파프리카 가루: 1큰술
- 캐러웨이 씨: 1/2큰술
- 말린 마조람: 1/2작은술
- 흑후추: 1/4작은술
- 월계수 잎: 1장
- 파슬리: 적당량
- 물: 175㎖
- 소금: 1작은술

만드는 법

1. 양파와 마늘은 껍질을 벗겨서 잘게 썬다. 파프리카는 꼭지와 씨를 제거하고 한입 크기로 자른다.
2. 두꺼운 냄비에 라드(식물성 기름으로 대체 가능)를 녹인 다음 양파를 넣고 갈색빛이 돌 때까지 볶은 후 냄비를 불에서 내린다.
3. ❷의 냄비에 소고기, 파프리카 가루, 소금 한 꼬집, 흑후추를 넣고 잘 섞은 후 다시 불에 올린다. 고기가 노릇노릇 익으면 파프리카를 넣고 조금 더 볶는다.
4. 물, 마늘, 캐러웨이 씨, 마조람, 토마토 페이스트, 월계수 잎, 나머지 소금을 넣고 끓인다. 부글부글 끓으면 뚜껑을 닫고 고기가 부드러워질 때까지 1시간 정도 푹 끓인다. 이때 거품이 떠오르면 걷어내고 물이 줄어들면 보충한다.
5. 마지막에 소금과 흑후추(분량 외)로 간을 맞춘 후 그릇에 담고 파슬리를 올려 장식한다.

LIGHT MEAL

가벼운 식사

텍스멕스풍 미가스 MIGAS【미국】

▲ 텍스멕스풍 미가스는 미국에서 아침 식사로 즐겨 먹는 요리다. 스페인어로 '빵 부스러기'를 뜻하는 미가스는 남은 음식을 이용해 만든 요리로 스페인과 포르투갈에서도 오래전부터 즐겨 먹었다.

STUFF 【2~3인분】

- 식용유: 25㎖
- 옥수수 토르티야: 작은 것 3개※
- 양파: 1/2개
- 빨간 파프리카: 1/2개
- 할라페뇨: 1/2개
- 마늘: 1쪽
- 방울토마토: 10개
- 달걀: 대 6개
- 우유: 25㎖ 소금: 약간
- 피자 치즈: 120g
- 아보카도: 1개
- 고수(잎): 적당량

만드는 법

1. 양파와 마늘은 잘게 다진다. 빨간 파프리카는 1cm 크기로 네모나게 썬다. 할라페뇨는 씨를 제거한 후 얇게 채 썬다. 방울토마토는 반으로 자른다.
2. 프라이팬을 중불에 달군 후 식용유를 두르고 옥수수 토르티야를 양면 모두 바삭하게 튀긴 다음 접시에 옮겨 담아 기름기를 제거한다. 열기가 식으면 3cm 정도 크기로 네모나게 썬다.
3. 프라이팬에 기름을 1작은술 정도 남겨두고 중불에서 양파, 빨간 파프리카, 할라페뇨를 넣고 5분 정도 볶는다. 마늘, 방울토마토를 넣고 2분 정도 더 볶아준다.
4. 그릇에 달걀과 우유, 소금을 넣고 거품기로 저어준다. 치즈 3/4 분량 정도와 잘게 다진 고수 잎을 넣고 골고루 섞는다.
5. ❸의 프라이팬에 ❷와 ❹를 넣고 약불에서 고루 섞이도록 살살 저어주고, 남은 치즈를 뿌린 다음 1분 정도 기다린다.
6. 2cm 크기로 자른 아보카도와 고수를 토핑으로 올린다.

※ 옥수수 토르티야(corn tortilla): 옥수수를 으깬 뒤 동그랗고 얇게 구워낸 멕시코의 전통 빵으로 타코 등에 빠지지 않는 식재료다. 밀가루로 만든 밀가루 토르티야(flour tortilla)와 옥수수 토르티야 모두 수입 식료품점 등에서 구할 수 있다.

팔라펠 FALAFEL 【중동】

만드는 법

1. 병아리콩을 깨끗이 씻어서 8시간 이상 물에 불린다.
2. 병아리콩의 물기를 제거하고 믹서에 넣은 다음 걸쭉해질 때까지 돌린다(이때 곱게 갈아야 튀길 때 모양이 흐트러지지 않는다).
3. 양파, 마늘, 파슬리를 잘게 다져 ❷에 조금씩 섞으면서 부드러워질 때까지 믹서로 갈아준다.
4. ❸을 그릇에 옮겨 담고 커민 가루, 고춧가루, 밀가루를 넣어 골고루 섞은 후 그릇 아래쪽으로 꾹꾹 눌러준 다음 랩으로 싸서 냉장고에 약 1시간 재워둔다.
5. 다른 그릇에 타히니 소스 재료를 모두 넣고 잘 섞는다.
6. ❹를 호두 크기로 동글동글하게 빚은 다음 냉장고에 15분 정도 더 재워둔다.
7. 180℃로 가열한 기름에 ❻을 넣고 3~4분간 튀긴 다음 빙글빙글 굴리면서 표면에 갈색빛이 돌 때까지 튀긴다. 기름기를 뺀 후 ❺의 타히니 소스를 곁들여 보기 좋게 그릇에 담아낸다.

STUFF 【4인분, 약 20개】

- 말린 병아리콩: 250g
- 양파: 대 1개
- 마늘: 3쪽
- 파슬리(생): 한 줌
- 커민 가루: 1작은술
- 고춧가루: 1/2작은술
- 밀가루: 3큰술
- 튀김유: 적당량

【타히니 소스】※

- 참깨 페이스트(참깨 소스): 3큰술
- 레몬즙: 1큰술
- 간 마늘: 1/2쪽
- 소금: 약간
- 후추: 약간
- 물: 2큰술

※ 타히니 소스: 참깨 페이스트(타히니)로 만든, 중동에서 즐겨 먹는 소스

▼ 크로켓처럼 생긴 팔라펠은 중동의 노점상 등에서 가장 인기 있는 음식이다. 병아리콩이나 누에콩을 사용하는 것이 특징이며 매콤해서 술안주로도 그만이다.

DESSERT
디저트

생강 쿠키 GINGER COOKIE 【유럽, 북미】

만드는 법

1. 버터와 달걀은 상온에 꺼내두고 박력분과 베이킹파우더는 섞어서 체에 거른다. 오븐은 150℃로 예열해둔다.
2. 큼직한 그릇에 버터와 황설탕(흑설탕으로 대체 가능)을 넣고 부드러워질 때까지 나무 주걱으로 섞어준 다음 꿀과 달걀을 넣고 거품기로 젓는다.
3. ❷에 박력분과 베이킹파우더, 생강가루, 시나몬 가루, 정향 가루, 육두구 가루를 넣고 고무 주걱 등으로 가루가 보이지 않을 때까지 골고루 섞은 다음 생강 설탕 절임을 넣고 가볍게 섞어준다.
4. 반죽을 재빨리 하나로 뭉쳐서 랩으로 감싼 다음 냉장고에 30분에서 1시간 정도 재워둔다.
5. 재워둔 반죽을 꺼내 지름 2~3cm 정도로 둥글게 빚은 후 2~3mm 두께로 납작하게 눌러준다. 오븐용 팬에 유산지를 깔고 반죽이 부풀어 올라도 서로 달라붙지 않을 만큼 간격을 두고 하나씩 올린다.
6. ❺를 150℃로 예열해둔 오븐에 넣고 15~20분 정도 굽는다. 반죽이 약 2배 크기로 부풀어 올라 살짝 금이 가면서 노릇노릇해지면 완성.
7. 쿠키가 뜨거울 때 오븐에서 꺼내 철망 위에 올려두고 식힌다. 갓 구운 쿠키는 대단히 부드러우므로 옮겨 담을 때 형태가 망가지지 않도록 조심한다.
8. 남은 반죽도 같은 순서로 구운 후 밀폐 용기에 담아두고 2주 이내에 먹는다.

STUFF 【약 40개분】

- 박력분: 220g
- 황설탕: 160g
- 버터: 170g
- 달걀: 1개
- 꿀: 70g
- 베이킹파우더: 2작은술
- 생강가루: 2작은술
- 시나몬 가루: 1작은술
- 정향 가루: 1/2작은술
- 육두구 가루: 1/2작은술
- 생강 설탕 절임: 2작은술

▶ 생강 쿠키, 초콜릿, 사탕 등을 집 모양으로 만든 과자 진저브레드 하우스(Gingerbread House, 혹은 헥센 하우스 Hexenhaus)와 생강 쿠키 반죽을 인형 모양으로 구운 진저브레드 맨(Gingerbread man). 둘 다 유럽과 북미의 크리스마스에 빠지지 않는 존재이며 크리스마스트리 장식으로도 사용된다.

▲ 생강 설탕 절임을 넣고 두툼하게 구워낸 생강 쿠키. 생강 쿠키는 종류가 다양하지만 두툼하게 굽는 미국식과 얇게 굽는 북유럽식이 전통적이다. 생강은 몸을 따뜻하게 하는 효과가 있어서 서양에서는 추운 겨울에 즐겨 먹는다.

애플파이 APPLE PIE【미국】

만드는 법

【파이 반죽 만들기】

1. 크고 오목한 그릇에 박력분, 강력분, 설탕, 소금을 넣고 손으로 섞어준다.
2. ❶에 차가운 버터를 주사위 모양으로 잘라 넣은 다음 가루와 버터가 엉켜 알갱이처럼 뭉쳐질 때까지 손가락으로 섞어준다.
3. 다른 그릇에 달걀과 찬물을 넣고 살짝 거품을 낸 다음 ❷에 넣고 반죽이 뭉쳐질 때까지 포크나 손으로 섞어준다. 수분이 부족할 경우는 반죽 위에 찬물 1큰술 정도를 끼얹고 다시 섞어준다.
4. 반죽을 너무 많이 치대지 않도록 주의하면서 덩어리로 뭉친 다음 2등분한다. 각각 밀대로 밀어 지름 10cm 정도의 원형으로 만든 후 랩으로 싸서 냉장고에 1시간 이상 재워둔다.

【사과 필링 만들기】

5. 사과의 껍질과 심지를 제거하고 16조각으로 저민다.
6. 그릇에 사과, 그래뉴당, 시나몬 가루, 육두구 가루를 넣고 골고루 섞는다.
7. 냄비를 중불에 올려 버터를 녹인 다음 ❻을 넣고 걸쭉해질 때까지 2분 정도 끓인다. 레몬즙을 넣고 가볍게 섞어준 다음 뚜껑을 닫고 사과가 부드러워질 때까지 약불에서 7분 정도 졸인다.
8. 냄비의 불을 끄고 체에 걸러 사과와 졸인 물을 분리한다. 걸러낸 물만 다시 냄비에 붓고 중불에서 캐러멜색이 돌 때까지 10분 정도 졸인다. 그 후 그릇에 사과와 졸인 물을 넣고 고루 섞어준 다음 완전히 식을 때까지 기다린다.

【애플파이 굽기】

9. 냉장고에 넣어 차갑게 식힌 반죽을 밀대로 밀어 지름 약 22cm의 원형으로 만든다. 파이 틀에 버터(분량 외)를 바르고 반죽 한 장을 깔아준다. 이때 틀 가장가리로 비어져 나온 부분은 그대로 둔다.
10. 반죽을 깐 파이 틀에 ❽을 넣고 가운데 부분이 봉긋하게 올라오도록 모양을 잡아준 다음 남은 반죽 한 장을 위에 덮는다. 틀 가장자리로 비어져 나온 부분을 손가락으로 오므리면서 위아래 반죽을 붙여준다.
11. 굽는 동안 파이 속 수증기가 빠질 수 있도록 가운데에 십자 모양으로 작게 칼집을 넣은 다음 달걀노른자물을 반죽 표면에 바르고 그 위에 그래뉴당을 뿌린다.
12. 220℃로 예열해둔 오븐에 파이를 넣고 25분 정도 굽는다. 반죽 표면에 갈색빛이 돌면 알루미늄 포일을 씌우고 오븐 온도를 190℃로 내린 다음 1시간 정도 더 굽는다.
13. 다 구워지면 케이크 쿨러 등에 올려두고 완전히 식힌 다음 먹는다. 상온에서는 하루 정도, 냉장고에 넣어두면 나흘 정도 두고 먹을 수 있다.

STUFF

【원형 : 지름 18cm】

【파이 반죽】(2개 분량)
- 박력분: 135g
- 강력분: 135g
- 설탕: 4작은술
- 버터: 200g
- 달걀: 대 1개
- 소금: 1/4작은술
- 찬물: 2큰술

【사과 필링】
- 사과: 과육 기준 약 1.5kg
- 레몬즙: 2큰술
- 그래뉴당: 120g
- 무염 버터: 45g
- 시나몬 가루: 1/4작은술
- 육두구 가루: 약간

【마무리용】
- 달걀노른자: 대 1개
- 그래뉴당: 약간

▼ 미국에서는 따뜻하게 데운 애플파이에 바닐라 아이스크림을 곁들여 먹는다.

▲ 미국식 애플파이. 애플파이는 원래 영국이나 네덜란드에서 즐겨 먹던 음식이었지만 미국으로 건너가면서 현재와 같은 형태로 변형되었다. 지금은 "애플파이만큼 미국적이다"(As American as apple pie)라는 관용구가 있을 만큼 미국을 대표하는 디저트로 알려져 있으며 미국 추수감사절의 전통 디저트로 자리 잡았다.

SAUCE & PRESERVED FOOD
소스와 보존식

페스토 제노베제 PESTO GENOVESE 【이탈리아】

▲ 왼쪽은 이탈리아 북서부 마을 제노바에서 탄생한 페스토 제노베제. 치즈와 바질의 풍미가 중독을 부른다. 오른쪽 사진은 페스토 제노베제로 버무린 뇨키.

STUFF

【약 180㎖】

- 바질(생): 100g
- 잣: 30g
- 파르미지아노 치즈(가루): 60g
- 마늘: 2쪽
- 엑스트라 버진 올리브오일: 80㎖
- 소금: 1/2큰술

만드는 법

1. 바질 잎을 잘게 찢어서 차가운 물로 헹군 다음 키친타월 등으로 살살 두들기면서 물기를 제거한다(수분이 남으면 소스가 상할 수 있으므로 주의한다).
2. 절구에 바질 잎, 잣, 마늘을 넣고 페이스트 상태가 될 때까지 빻는다.※
3. ❷에 파르미지아노 치즈와 소금을 넣고 엑스트라 버진 올리브오일을 여러 번 나눠 넣으면서 기름이 위에 뜨지 않고 크림처럼 부드러워질 때까지 골고루 섞는다.
4. 밀폐 용기에 담아 냉장고에 넣어두고 1주일 이내에 먹는다. 작은 플라스틱 밀폐 용기 등에 담아 냉동하면 1주일 이상 보관할 수 있다. 사용하기 직전에 골고루 섞어준다.

※ 믹서로 갈아도 되지만 바질 풍미가 손상될 수 있으므로 절구를 사용하는 편이 좋다.

로메스코 소스 ROMESCO 【스페인】

만드는 법

1. 토마토는 꼭지와 심지를 도려내고 적당한 크기로 썬다. 마늘은 껍질째 반으로 갈라서 노릇노릇해질 때까지 석쇠에 구운 후 껍질을 깐다. 파프리카는 석쇠에 구워 껍질을 벗기고 적당한 크기로 자른다. 아몬드는 뜨거운 물에 담갔다가 말린다.
2. 프라이팬을 중불에 달구고 올리브오일 1큰술을 두른다. 아몬드와 헤이즐넛을 넣고 황금색이 날 때까지 볶은 다음 키친타월 위에 올려두고 식힌다.
3. 믹서에 아몬드와 헤이즐넛을 넣고 가루가 될 때까지 간다.
4. 프라이팬을 중불에 올리고 올리브오일을 살짝 두른 다음 식빵을 앞뒤로 노릇노릇하게 굽는다. 그릇에 옮겨 담고 식으면 6조각으로 찢는다.
5. 프라이팬을 중불에 올리고 올리브오일을 살짝 두른 다음 토마토를 넣고 부드러워질 때까지 5분 정도 천천히 볶는다.
6. ❸의 믹서에 식빵, 토마토, 마늘, 파프리카, 파프리카 가루, 고춧가루, 소금을 넣고 돌린다. 남은 올리브오일을 조금씩 천천히 부으면서 믹서를 돌린 다음 레드 와인 식초를 넣고 골고루 섞는다. 마지막에 소금으로 간을 맞추면 완성. 밀폐 용기에 옮겨 담아 냉장고에 넣어두고 1주일 이내에 사용한다.

STUFF

【약 400mℓ】

- 토마토(중간 크기): 2개
- 마늘: 1통
- 엑스트라 버진 올리브오일: 180mℓ
- 아몬드: 12개
- 헤이즐넛: 10개
- 빨간 파프리카(생): 대 2개
- 레드 와인 식초: 100mℓ
- 파프리카 가루: 1작은술
- 고춧가루: 1/4작은술
- 소금: 1/2작은술
- 식빵: 1조각

▼ 숯불에 새카맣게 구운 대파에 로메스코 소스를 찍어 먹는 스페인 카탈루냐 지방의 대표적인 겨울철 요리 칼숏(Calçots). 채소 외에 생선이나 고기, 빵과 함께 먹어도 맛있다.

과카몰레 GUACAMOLE【멕시코】

만드는 법

1. 적양파와 고수는 잘게 다지고 세라노 고추(청고추로 대체 가능)는 꼭지와 씨를 제거한 후 잘게 다진다. 토마토는 씨를 제거하고 주사위 모양으로 썬다.
2. 아보카도를 반으로 갈라 씨를 제거한 다음 과육을 그릇에 담아 덩어리가 조금 남을 만큼 포크로 으깬다.
3. ❷의 그릇에 라임즙(레몬즙으로 대체 가능), 소금, 적양파, 고수, 굵게 간 흑후추, 세라노 고추를 넣고 골고루 섞는다. 마지막에 토마토를 넣고 가볍게 버무린다.
4. 그릇에 옮겨 담은 후 공기가 닿지 않도록(변색을 방지하기 위해) 랩으로 꼼꼼히 감싸 두고 먹기 직전에 랩을 벗긴다. 냉장고에 넣어 두고 3~4일 이내에 사용한다.

STUFF 【4인분】

- 아보카도: 4개
- 라임즙: 2큰술
- 적양파: 소 1개
- 세라노 고추: 2~4개※
- 고수(잎과 줄기): 2다발
- 토마토: 2개
- 소금: 1작은술
- 흑후추: 1/4작은술

※ 세라노(Serrano) 고추: 길고 가느다란 5cm 정도 길이의 멕시코산 청고추. 할라페뇨보다 더 매우며 멕시코 요리에 많이 쓰인다.

▶ 멕시코를 대표하는 디핑 소스인 과카몰레는 토르티야 칩에 찍어 먹는 방법이 가장 유명하다. 전통적으로는 몰카헤테(Molcajete)라는 돌절구와 테홀로테(Tejolote)라는 막자처럼 생긴 짧은 돌로 으깨서 만든다.

오렌지 마멀레이드 ORANGE MARMALADE【영국】

▲ 오렌지 껍질이 들어가서 살짝 쓴맛이 난다. 18세기 스코틀랜드 동부에 위치한 도시 던디의 상인이 스페인에서 실수로 구매한 쓴맛과 신맛이 강한 비터오렌지(Bitter orange, 광귤)를 상인의 아내가 설탕을 넣고 바싹 졸인 것이 시초라고 전해진다.

STUFF

- 비터오렌지(광귤): 1.4kg
- 레몬즙: 2개 분량
- 시나몬 스틱: 1개
- 정향: 8개
- 팔각: 1개
- 고수 씨: 1작은술
- 그래뉴당: 1kg
- 물: 3.4ℓ

만드는 법

1. 오렌지를 가로로 2등분해서 과즙과 씨를 짜낸다. 과즙은 그릇에 담고 겉껍질 안쪽에 붙은 하얀 부분과 과육을 감싸고 있던 반투명한 속껍질을 수저로 긁어낸 후(씨도 사용하므로 버리지 말 것) 껍질을 얇게 채 썬다(취향에 따라 두껍게 썰어도 무방함).
2. 겉껍질의 하얀 부분, 속껍질, 씨를 시나몬 스틱, 정향, 팔각, 고수 씨와 함께 거즈 등의 천으로 감싼 다음 끈으로 단단히 동여맨다.
3. 큰 냄비에 오렌지 껍질, 과즙, ❷의 면주머니, 레몬즙, 물을 넣고 약불에서 2시간 정도 졸인다. 껍질이 부드러워지고 수분이 절반 정도로 졸아들면 면주머니를 꺼낸다.
4. 그래뉴당을 넣고 완전히 녹을 때까지 나무 주걱으로 섞은 다음 걸쭉하게 윤기가 돌 때까지 뒤적이면서 30~40분간 졸인다.
5. 처음에는 강불에서 졸이다가 거품이 일기 시작하면 약불로 줄이고 거품을 걷어낸다. 바싹 졸아들면 불을 끄고 15분 정도 그대로 둔다.
6. 식기 전에 뜨거운 물로 소독한 병에 옮겨 담는다. 뚜껑을 닫고 병을 거꾸로 세워서 식힌 뒤에 서늘하고 어두운 곳이나 냉장고에 보관한다. 병에 담은 후 병째로 뜨거운 물에 펄펄 끓여서 내부를 진공 상태로 만들면 장기 보관할 수 있다.

사우어크라우트 SAUERKRAUT 【독일】

▲ 독일을 대표하는 발효식품. 사우어크라우트란 독일어로 '시큼한 양배추'라는 뜻이다. 사우어크라우트의 신맛이 소시지를 비롯한 고기 요리와 잘 어울려서 핫도그에도 자주 쓰인다.

STUFF

- 양배추: 중간 크기 1개(1kg)
- 소금: 20g
- 캐러웨이 씨: 1/2작은술
- 딜 씨: 1/2작은술
- 월계수: 1장
- 흑후추: 약간

만드는 법

1. 양배추의 겉잎과 심지를 제거한 후 채를 친다.
2. 큼지막한 그릇에 양배추를 담고 소금, 캐러웨이 씨, 딜 씨, 잘게 찢은 월계수, 굵게 간 흑후추를 넣고 손이나 나무 주걱 등으로 수분이 나올 때까지 문지르듯 섞어준다.
3. ❷를 절임용 용기에 공기를 빼 가며 차곡차곡 담고, 표면이 공기에 노출되지 않도록 깨끗한 천으로 단단히 싼 다음 2kg 정도 되는 돌을 얹어둔다.
4. 한나절에서 하루가 지난 후 양배추 표면까지 물이 차오르면 처음에 올린 돌보다 가벼운 돌로 바꿔 얹은 다음 서늘하고 어두운 곳에 보관한다. 이후 1주일에 한 번씩 확인하면서 곰팡이가 피면 깨끗한 천 등으로 닦아낸다.
5. 6~8일간 발효시킨 후 신맛이 나면 냉장고에 넣고 2주 이내에 먹는다. 먹기 전에 물기를 짜 주고, 신맛이 강한 경우에는 물에 헹궈 먹어도 된다.

올리브 마리네 OLIVE MARINE 【스페인】

만드는 법

1. 로즈메리와 이탈리안 파슬리는 잘게 다지고 마늘은 으깬다. 레몬은 껍질을 두툼하게 벗긴 후 즙을 낸다. 올리브는 체에 담아 물로 살짝 헹군다.
2. 절구에 고수 씨, 펜넬, 로즈메리를 넣고 씨 형태가 조금 남을 만큼 빻은 다음 마늘과 파슬리를 넣고 고루 섞는다.
3. ❷의 절구에 레몬즙, 올리브오일을 넣고 한 번 더 섞은 후 소금과 흑후추로 간을 한다.
4. 그릇에 올리브와 ❸을 담고 잘 버무린 다음 밀폐 용기에 옮겨 담아 냉장고에 1~2일 두었다가(오래 둘수록 맛이 잘 밴다) 맛이 들면 완성이다.

STUFF

- 그린 올리브(통조림): 200g
- 블랙 올리브(통조림): 200g
- 레몬즙: 1개 분량
- 소금: 1/2작은술
- 흑후추: 1/2작은술
- 말린 펜넬: 1/2작은술
- 고수 씨: 1작은술
- 로즈메리(생): 10g
- 이탈리안 파슬리(생): 25g
- 마늘: 4쪽
- 엑스트라 버진 올리브오일: 4큰술

◀ 술안주로 제격인 올리브 마리네는 스페인의 전채 요리인 타파스(tapas)의 대표적인 메뉴다. 마리네 액을 만들 때 고추를 추가하면 매콤해진다.

DRINK
음료

핫애플사이다 HOT APPLE CIDER 【북미】

▲ 북미에서 가을과 겨울에 즐겨 마시는 핫애플사이다. 북미에서는 사과를 압착해서 짠 생즙을 애플사이다라고 부르며 여기에 향신료로 향을 더한 것이 핫애플사이다다.

STUFF 【4~5잔 분량】

- 애플사이다: 1ℓ
- 오렌지 껍질: 1/4개 분량
- 레몬 껍질: 1/4개 분량
- 메이플시럽: 60㎖
- 시나몬 스틱: 2개
- 정향: 5개
- 올스파이스: 5개
- 카다몬: 6개

만드는 법

1. 프라이팬에 시나몬 스틱, 정향, 올스파이스, 으깬 카다몬을 넣고 중불보다 조금 센 불에서 향이 올라올 때까지 30초~1분 정도 볶는다.
2. ❶과 오렌지 껍질, 레몬 껍질을 거즈 등의 천으로 감싼 다음 끈으로 단단히 동여맨다.
3. 냄비를 중불보다 좀 더 센 불에 올리고 애플사이다(사과 주스로 대체 가능), 메이플시럽, ❷의 면주머니를 넣고 끓인다. 끓어오르기 직전에 약불로 줄인 뒤 뚜껑을 닫고 90분 정도 푹 끓인다. 마지막에 면주머니를 제거하면 완성.
4. 럼주를 살짝 곁들이면 연말 파티 음료로 제격이고, 차갑게 해서 스파클링 와인 등에 섞어 마셔도 좋다.
5. 냉장고에 넣어두고 1주일 이내에 먹는다.

핫마살라차이 HOT MASALA CHAI 【인도】

만드는 법

1. 절구에 정향, 카다몬, 조각낸 시나몬 스틱을 넣고 잘게 빻는다. 생강가루와 흑후춧가루를 넣고 골고루 섞는다.
2. 냄비에 물을 붓고 강불에 올린다. 물이 끓으면 홍차 잎을 넣고 팔팔 끓인다.
3. ❷에 우유를 붓고 끓어오르기 시작하면 냄비를 불에서 내리고 맛이 고루 배도록 이따금 저어준다. 다시 중불에 올리고 끓어 넘치지 않도록 주의하며 얼마간 졸이면서 불필요한 수분을 날린다.
4. ❸에 ❶의 향신료를 넣고 맛이 고루 배도록 빠르게 휘저어준다. 숟가락으로 떠 올렸을 때 점성이 느껴지면 불을 끄고 설탕을 넣은 다음 잘 섞는다.
5. 차 거름망으로 향신료를 걸러내면 완성.

STUFF 【2~3잔 분량】

- 물: 100㎖
- 우유: 250㎖
- 홍차 잎(가루에 가까운 아삼이나 실론): 2작은술
- 정향: 4개
- 카다몬: 2개
- 시나몬 스틱: 1개
- 생강가루: 1/4작은술
- 흑후춧가루: 약간
- 설탕: 2큰술

◀ 향신료의 향이 마음을 편안하게 해주는 마살라차이. 영국 식민지 시절 상품 가치가 낮은 자잘한 홍차 잎을 맛있게 마시기 위해 고안된 인도식 밀크티인 마살라차이는 좋은 홍차 잎으로 만들면 그 맛이 떨어진다고 한다. 보통 인도에서는 설탕을 듬뿍 넣어 작은 컵에 마신다.

스파이스 티 SPICE TEA【인도, 스리랑카】

▲ 추운 겨울에 제격인 스파이스 티. 아래에 소개한 재료에 생강이나 우유를 추가해도 맛있다.

STUFF【4~5잔 분량】

- 물: 1ℓ
- 홍차 잎: 1큰술
- 시나몬 스틱: 1개
- 정향: 3개
- 올스파이스: 3개
- 카다몬: 3개
- 레몬 슬라이스: 1조각

만드는 법

1. 절구에 카다몬을 넣고 빻는다. 찻주전자와 홍차용 찻잔에 뜨거운 물을 부어 데운다.
2. 냄비에 물을 붓고 중불에 올린 다음 카다몬, 시나몬 스틱, 정향, 올스파이스를 넣고 5분 정도 끓인다.
3. 팔팔 끓으면 불을 끄고 홍차 잎을 넣는다. 찻주전자에 든 물을 버리고 찻물을 따른 다음 5분 정도 기다린다.
4. 찻잔에 든 물을 버리고 물기를 닦아낸 후 스파이스 티를 따르고 레몬 슬라이스를 띄우면 완성. 마시기 직전에 시나몬 스틱(분량 외)을 휘휘 저어 설탕을 녹이면 향이 더욱 풍부해진다.

글뤼바인 GLÜHWEIN 【독일】

만드는 법

1. 냄비를 중불에 올리고 레드 와인을 제외한 모든 재료를 넣는다. 레드 와인을 여러 번에 나눠 붓고 천천히 저으면서 그래뉴당이 녹아 걸쭉해질 때까지 5분 정도 졸인다.
2. 걸쭉해지면 불을 약하게 줄이고 끓어오르지 않게 주의하면서 5분 정도 더 졸인다.
3. 컵에 거름망을 올려 따른 후 오렌지 슬라이스나 시나몬 스틱을 곁들이면 완성.

STUFF 【6잔 분량】

- 레드 와인: 1병(750㎖)
- 오렌지 주스: 100㎖
- 레몬 껍질: 1개 분량
- 오렌지 껍질: 1개 분량
- 시나몬 스틱: 1개
- 정향: 5개
- 팔각: 1개
- 육두구 가루: 1작은술
- 생강: 1쪽
- 그래뉴당: 150g
- 오렌지 슬라이스: 1개 분량

▼ 독일을 비롯한 유럽에서 크리스마스면 꼭 마시는 음료인 글뤼바인. 특히 11월 중순부터 독일 각지에서 열리는 크리스마스 마켓에서는 글뤼바인을 홀짝이며 선물이나 트리 장식을 둘러보는 습관이 있다고 한다.

카다몬 커피 CARDAMON COFFEE【중동】

만드는 법

1. 카다몬을 곱게 다지거나 절구로 빻는다. 커피 컵에 뜨거운 물을 부어 데운다.
2. 냄비를 중불에 올리고 물, 원두 가루, 카다몬을 넣는다. 물이 끓기 시작하면 약불로 줄이고 30초 정도 더 끓여서 향이 배게 한다. 그동안 커피 컵에 부어둔 물을 버리고 물기를 닦아낸다.
3. 커피 필터 등으로 걸러 컵에 따른 다음 입맛에 맞춰 설탕을 넣고 식기 전에 마신다.

STUFF 【1잔 분량】

- 물: 200㎖
- 원두 가루: 1큰술
- 카다몬: 1개
- 설탕: 취향에 맞게

▶ 카다몬 커피. 카다몬의 상쾌한 향이 커피 향을 더욱 풍성하게 하고 소화불량에도 효과적이다. 사우디아라비아에서는 카와(Qahwah)라는 이름으로 불리며 손님을 환대하는 의미로 대접한다.

에그노그 EGGNOG 【북미】

▲ 휘핑크림을 얹은 에그노그. 북미에서는 크리스마스나 새해에 빠지지 않는 음료로 중세 유럽에서 즐겨 마시던 음료 포세트(Posset)에서 유래했다고 전해진다.

STUFF 【2잔 분량】

- 우유: 350㎖
- 달걀노른자: 2개
- 설탕: 2큰술
- 정향: 1개
- 시나몬 가루: 1/2작은술
- 생크림: 120㎖
- 육두구 가루: 1/2작은술
- 바닐라 에센스: 1/2작은술
- 럼주 또는 버번위스키 또는 브랜디: 40㎖
- 휘핑크림 또는 아이스크림 : 취향에 맞게

만드는 법

1. 냄비에 우유, 정향, 시나몬 가루를 넣고 약불에서 5분 정도 나무 주걱으로 천천히 젓는다.
2. 큰 그릇에 달걀노른자를 넣고 거품기로 풀어준 다음 설탕을 넣고 마요네즈 질감이 날 때까지 휘젓는다.
3. ❷에 ❶을 천천히 붓고 잘 섞는다. 다시 냄비에 따른 후 약불에서 끓어오르지 않도록 계속 저으면서 걸쭉해질 때까지 13~15분 정도 졸인다.
4. 냄비를 불에서 내리고 정향을 빼낸 다음 생크림, 육두구 가루, 바닐라 에센스, 럼주 등의 술(술은 넣지 않아도 됨)을 넣고 가볍게 섞어주면 완성.
5. 컵에 따른 후 휘핑크림이나 아이스크림, 시나몬 스틱을 곁들여도 맛있다.

Column

생활 속에서 즐기는 향신료

▲ 오래된 향신료를 나무판자나 캔버스에 붙이면 독창적인 예술 작품으로 탈바꿈한다.

향신료는 요리에서 가장 크게 활약하지만 그밖에도 쓰임새가 아주 다양하다. 예를 들어, 과거 유럽에서는 허리띠에 차고 다니면서 탈취제 겸 부적으로 쓰거나, 향기로운 허브 다발을 옷장이나 책상 서랍에 넣어 옷이나 소품에 향이 배도록 하여 향수처럼 사용했다. 그뿐 아니라 꽃과 향신료로 포푸리를 만들어서 방에 장식하거나 달콤한 향이 나는 향신료를 바닥에 뿌려서 실내 방향제처럼 즐겼다. 인도 전통 의학인 아유르베다와 중국의 한방 등에서는 고대부터 향신료를 약용으로 사용했다.

지금도 정유는 실내 장식품이나 양초, 아로마테라피 등에 사용되며, 그밖에도 벌레 퇴치제, 비누, 크리스마스 화환, 트리 장식품 등에 향신료의 향이나 독특한 모양이 다양하게 활용되고 있다.

찬장 안에 오래된 향신료가 잠들어 있다면 버리기 전에 효능이나 특징을 살려 재활용할 아이디어를 생각해보자.

정유

아로마테라피나 아유르베다 등에서 사용하는 정유 중에서도 향신료로 만든 정유는 알싸하고 자극적인 향이 나는 종류가 많다. 몸을 따뜻하게 하거나 감기를 예방하는 데 도움이 되므로 추운 계절에 쓰면 특히 효과적이다.

▲ 아유르베다에서는 향신료의 정유를 다양하게 활용한다.

▲ 시나몬, 말린 오렌지 껍질, 솔방울로 만든 리스

크리스마스 장식품

서양의 크리스마스 요리 중에는 향신료가 들어가는 종류가 많아서 크리스마스와 향신료는 떼려야 뗄 수 없는 관계라고 해도 지나치지 않을 정도다. 크리스마스 시즌이 되면 좋아하는 향이나 모양의 향신료로 화환이나 트리 장식품을 직접 만들어서 은은히 퍼지는 향을 즐기는 사람도 많다.

▶ 시나몬, 팔각, 나무 열매로 만든 트리 모양 장식

향초

향신료나 향신료 정유로 만든 양초에 불을 붙이면 향신료의 향이 방 안 가득 퍼져서 긴장을 풀어주는 효과가 있다. 직접 만들 때는 정유와 함께 통향신료를 넣으면 향과 모양을 모두 즐길 수 있다.

▲ 여러 향신료를 통째로 넣어 만든 양초

일람표

기본 향신료

명칭		학명	이용부위	페이지
한글	영어			
강황	Turmeric	*Curcuma longa*	뿌리줄기	82~83
고량강	Galangal	*Alpinia galanga*	뿌리줄기	44
고수	Coriander	*Coriandrum sativum*	잎, 줄기, 뿌리, 씨앗	32~33
고추	Chili Pepper	*Capsicum annuum*	열매	24~25
고추냉이	Wasabi	*Wasabia japonica*	뿌리, 줄기, 잎, 꽃	88~89
딜	Dill	*Anethum graveolens*	잎, 줄기, 씨앗, 꽃	38~39
레몬그라스	Lemon Grass	*Cymbopogon citratus*	줄기, 잎	54~55
마늘	Garlic	*Allium sativum*	알뿌리, 줄기, 잎	42~43
머스터드	Mustard	*Brassica juncea*	씨앗	56~57
메이스	Mace	*Myristica fragrans*	가종피	58~59
미나리	Water Dropwort	*Oenanthe javanica* DC.	잎, 줄기	87
바닐라	Vanilla	*Vanilla planifolia*	씨앗(꼬투리)	85~86
부추	Korean Leek	*Allium tuberosum*	잎, 뿌리, 줄기, 씨앗	51
사천 후추	Sichuan Pepper	*Zanthoxylum bungeanum*	열매 껍질	78
사프란	Saffron	*Crocus sativus*	꽃(암꽃술)	70~71
산초	Japanese Pepper	*Zanthoxylum piperitum*	열매, 열매껍질, 잎, 꽃	48~49
생강	Ginger	*Zingiber officinale*	뿌리줄기, 잎	45
세이지	Common Sage	*Salvia officinalis*	잎, 꽃	30~31
셀러리 씨	Celery Seed	*Apium graveolens*	씨앗	36
수막	Sumac	*Rhus coriaria*	열매	76~77
시나몬	Cinnamon	*Cinnamomum verum*	나무껍질	26~27
아니시드	Aniseed	*Pimpinella anisum*	씨앗(열매)	17
아사푀티다	Asafoetida	*Ferula assa-foetida*	뿌리줄기에서 채취한 나뭇진, 잎, 줄기	20~21
아지웨인	Ajwain	*Trachyspermum ammi*	씨앗	16
양귀비 씨	Poppy Seed	*Papaver somniferum*	씨앗	68~69
양파	Onion	*Allium cepa*	알뿌리(비늘줄기)	60~61
오레가노	Oregano	*Origanum vulgare*	잎, 꽃이삭	62~63
올스파이스	Allspice	*Pimenta dioica*	열매	18~19
월계수	Laurel	*Laurus nobilis*	잎	52~53
육두구	Nutmeg	*Myristica fragrans*	씨앗	58~59
정향	Clove	*Syzygium aromaticum*	꽃봉오리	28~29
주니퍼베리	Juniper Berry	*Juniperus communis*	열매	50
참깨	Sesame	*Sesamum indicum*	씨앗	72~73
카다몬	Cardamon	*Elettaria cardamomum*	열매, 씨앗	23
캐러웨이	Caraway	*Carum carvi*	씨앗(열매), 잎	22
커리 잎	Curry Leaf	*Murraya koenigii*	잎, 열매, 꽃	37
커민	Cumin	*Cuminum cyminum*	씨앗	34
타라곤	Tarragon	*Artemisia dracunculus*	잎	84
타마린드	Tamarind	*Tamarindus indica*	과육	79

명칭		학명	이용부위	페이지
한글	영어			
타임	Thyme	*Thymus vulgaris*	잎, 꽃, 줄기	80~81
파프리카	Paprika	*Capsicum annuum* var. angulosum	열매	64~65
팔각	Staranise	*Illicium verum*	열매	74~75
펜넬	Fennel	*Foeniculum vulgare*	잎, 줄기, 꽃, 씨앗, 뿌리	40~41
할라페뇨	Jalapeño	*Capsicum annuum* L.	열매	46~47
호로파	Fenugreek	*Trigonella foenum-graecum*	씨앗	41
후추	Pepper	*Piper nigrum*	열매	66~67

혼합 향신료

명칭		지역	페이지
한글	영어		
가람 마살라	Garam Masala	인도	106
그린 카레 페이스트	Green Curry Paste	태국	110~111
남 프릭	Nam Phrik	태국	112
두카	Dukkah	이집트	99
라스 엘 하누트	Ras el Hanout	모로코	101
바비큐 스파이스(럽)	Barbecue Spice(Rub)	미국	117
베르베르	Berbere	에티오피아	102
삼발	Sambal	인도네시아	104
시치미	Shichimi	일본	114
에르브 드 프로방스	Herbes de Provence	프랑스	96
오향가루	Five Spice Powder	중국	113
유즈코쇼	Yuzu Kosho	일본	115
자타르	Za'atar	중동/북아프리카	103
저크 스파이스	Jerk Spice	자메이카	119
차이 마살라	Chai Masala	인도	108
차트 마살라	Chat Masala	인도	107
칠리 파우더	Chili Powder	북중미	118
카레 가루	Curry Powder	인도/영국	105
카트르 에피스	Quatre Epice	프랑스	97
케이준 시즈닝	Cajun Seasoning	미국	116
판치 호론	Panch Phoron	방글라데시/인도	109
푸딩 스파이스	Pudding Spice	영국	94~95
피클링 스파이스	Pickling Spice	아일랜드/영국	98
하리사	Harissa	튀니지	100

SPICE
알면 더 맛있는, 향신료 사전

초판 1쇄 2019년 9월 30일
초판 5쇄 2024년 5월 10일

지은이 실업지일본사
옮긴이 정세영

편집 이동은, 김주현, 성스레
미술 강현희
마케팅 사공성, 한은영
제작 박장혁, 전우석

발행처 북커스
발행인 정의선
이사 전수현
출판등록 2018년 5월 16일 제406-2018-000054호
주소 서울시 종로구 평창30길 10
전화 02-394-5981~2(편집) 031-955-6980(마케팅)

값 13,5000원
ISBN 979-11-90118-05-7-13590

※ 북커스(BOOKERS)는 (주)음악세계의 임프린트입니다.